— Jagd verhalten bei Hunden

mit Martin Rütter

Der Weg zum
zuverlässigen
Begleiter

KOSMOS

Inhalt

Zu diesem Buch

Jeder Hund besitzt eine mehr oder weniger stark ausgeprägte jagdliche Motivation. Dabei spielt es keine Rolle, ob es sich um einen Rassehund oder einen Mischling handelt. Jagen macht Hunden einfach Spaß!

Daher kann es keine Lösung sein, Jagdverhalten von Beginn an zu unterbinden oder den Hund sogar zu bestrafen, um unerwünschtes Jagdverhalten zu unterdrücken bzw. zu verhindern. Wir leben heute in einer Zeit, in der immer weniger Freiraum für Hunde vorhanden ist. Vor allem in unserer Zivilisation, in der enge Bebauung und viele Straßen das Landschaftsbild prägen, ist es mittlerweile nicht nur unvorstellbar, sondern, sowohl für den Hund als auch für alle anderen Beteiligten, einfach lebensgefährlich, den Hund nach Lust und Laune stromern zu lassen, wie es früher auf den meisten Dörfern durchaus noch üblich war. Doch die Einschränkungen unserer Zivilisation betreffen nicht nur das Zusammenleben von Mensch und Hund, auch das Wild muss sich immer weiter in den tiefen Wald und auf von menschlichen Ansiedlungen weit entfernte Felder und Wiesen zurückziehen. Rücksicht ist daher für uns Hundehalter oberstes Gebot. Rücksicht auf andere Menschen, die ihre Freizeit genauso entspannt genießen möchten wie wir die Zeit mit unserem Hund, aber eben auch auf das Wild, das seine Ruhe braucht.

Aktives Training und Ruhe

Um zu verhindern, dass dein Hund dem Wild hinterherjagt, braucht er die Möglichkeit, seine jagdliche Leidenschaft anderweitig auszuleben. Daher ist Beschäftigung das A und O. Zum Glück gibt es dafür unendlich viele Möglichkeiten, angefangen von der Spurensuche über das Apportierspiel bis hin zur Hetze an der Reizangel. Doch in der Ruhe liegt die Kraft, genauso wichtig wie aktives Training ist die Impulskontrolle. Jeder Hund muss – genauso wie jeder Mensch – lernen, sich in bestimmten Situationen zurückzunehmen. Nur so ist ein entspanntes Zusammenleben im gemeinsamen Miteinander möglich. Je mehr sich dein Hund dabei an dir orientiert, desto mehr Freiraum kannst du ihm geben. Wenn dein Hund auch auf dem Spaziergang immer wieder auf dich achtet, wenn du ihn jederzeit zurückrufen oder stoppen kannst, dann seid ihr gut gerüstet für den Alltag in Feld und Wald. Am besten startest du direkt heute noch mit dem Training.

Gutes Training braucht Zeit. Du solltest daher Geduld und viel Verständnis für deinen Hund und seine Bedürfnisse mitbringen.

Hunde bringen, genetisch bedingt, unterschiedliche Anlagen für das Jagdverhalten mit.

Verbesserung auch bei passionierten Jägern

Dein Hund hatte bereits Jagderfolg und hat dir schon das ein oder andere Kaninchen gebracht? Kein Grund, zu verzweifeln. Natürlich musst du nun im ersten Schritt verhindern, dass dies nicht noch einmal passiert, allein schon deshalb, damit nicht erneut ein Tier zu Schaden kommt. Auch wenn die Schleppleine eine Einschränkung bedeutet, kann dein Hund dennoch aktiv sein, wenn ihr zusammen unterwegs seid. Selbst Trainingsformen wie Apportieren oder Reizangeltraining sind an der Schleppleine möglich. Starte das Training genauso wie mit einem Hund, der noch keinen Jagderfolg hatte. Wenn du merkst, dass du im Training nicht weiterkommst, suche dir einen professionellen Hundetrainer. Er wird deinen Hund einschätzen und einen Trainingsplan erstellen, damit du das Jagdverhalten deines Hundes zukünftig so gut wie möglich kontrollieren kannst. Und auch wenn nicht jeder Hund letztendlich immer und überall freilaufen kann – wobei das auch aus anderen Gründen wie Leinenpflicht, Brut- und Setzzeiten etc. nicht immer möglich ist, kann eine Verbesserung in der Regel erreicht werden. Und mit der Zeit werdet ihr beide mit Sicherheit auch in Gegenden mit viel Wildbestand ein gut eingespieltes Team, das sich aufeinander verlassen kann.

Jagen

Was steckt hinter dem Verhalten?

Warum Hunde jagen

Unerwünschtes Jagdverhalten gehört zu den häufigsten Problemen, von denen Menschen im Umgang mit ihren Hunden berichten.

Bei Weitem betrifft das nicht nur die Halter von Rassen, die im jagdlichen Gebrauch stehen wie Weimaraner, Deutsch Drahthaar, Deutsch Kurzhaar oder Dackel. Auch viele Halter von Hütehunden wie dem Australian Shepherd, Windhunden wie dem Podenco, aber auch der typischen Begleithunde wie Havaneser und Dalmatiner machen nicht selten die Erfahrung, dass ihre Hunde beim passenden Jagdobjekt kaum noch zu halten sind. Hier hilft dann meist kein Rufen oder Schimpfen mehr. Hat der Hund die wilde Jagd erst einmal begonnen, ist er oft nicht mehr zu halten. Erst wenn die Beute geschnappt wurde oder aber fliehen konnte, kommt der Vierbeiner mit glücklichem Gesichtsausdruck und heraushängender Zunge zu seinem Menschen zurück.

Jagdverhalten wird vom Haushund nur selten gezeigt, um sich zu ernähren. Selbst wenn der Hund das Tier nach erfolgreicher Jagd verzehrt, war Hunger nur in den wenigsten Fällen der Auslöser. Unsere Hunde leben in der Regel gut versorgt im menschlichen Haushalt. Sie bekommen jeden Tag ihr Futter, meist ohne etwas dafür leisten zu müssen. Und dennoch gibt es so viele Hunde, die nicht widerstehen können, dem weglaufenden Hasen hinterherzujagen oder auch mit Begeisterung Vögel zu verfolgen. Wohl wissend, dass die zuletzt Genannten eigentlich kaum erreichbar sind, da der Vogel, kurz bevor der Hund ankommt, einfach wegfliegt und entkommt. An dieser Stelle muss man sich die Frage stellen, welche Gründe es dafür gibt.

Jack Russell Terrier sind oft sehr reizempfänglich. Bereits ein fliegendes Blatt kann Jagdverhalten auslösen.

Vererbung oder Umwelt?

Jedes Verhalten des Hundes wird zu einem gewissen Prozentsatz durch die Genetik bestimmt, also durch die Gene, die ein Hund von seiner Mutter bzw. seinem Vater erhalten hat. Doch Vererbung allein kann Verhalten nicht bestimmen, darüber ist man sich in der Wissenschaft mittlerweile einig. Immer spielt auch der Einfluss der Umwelt, in der der Hund lebt, für die Ausprägung von Verhalten eine Rolle. Diese Theorie gilt natürlich auch in Bezug auf das Jagdverhalten des Hundes. Ist Jagdverhalten jedoch mit genetisch begründet, sollte man sich zunächst einmal anschauen, wie es beim Urvater des Hundes, dem Wolf, eigentlich aussieht.

Der Wolf – Stammvater des Hundes

Vergleicht man das Jagdverhalten von Hunden und Wölfen, findet man sehr schnell, gerade in Bezug auf Jagdobjekte, gravierende Unterschiede. Die Jagd, z. B. auf Vögel, wird von Wölfen in der Regel nur im jugendlichen Alter gezeigt. Die spielerische Jagd auf Objekte ist ebenfalls ein typisches Verhalten junger Wölfe. Hierbei wird spielerisch geübt, was man später einmal als erwachsener Wolf benötigt. Spielverhalten wird von Jungwölfen gezeigt, um zu lernen. Zum einen wird hierdurch die motorische Geschicklichkeit trainiert, Handlungen werden verfeinert. Zum anderen probiert der junge Wolf aus, welche Jagdobjekte sinnvoll sind, sich lohnen, und welche nicht. Er macht sehr schnell die Erfahrung, dass Vögel in der Regel keine lohnenden Jagdobjekte darstellen, da sie für ihn unerreichbar sind. Durch die ernsthafte Jagd auf einen Vogel würde Energie ver(sch)wendet, die durch das Fangen und Verspeisen von Beute nicht ausgeglichen werden kann. Erwachsene Wölfe rennen Vögeln daher nicht mehr hinterher, vielmehr beobachten Wolfsforscher, wie regelrecht symbiotische Lebensgemeinschaften, z. B. zwischen Wölfen und Raben, existieren.

Links: Königspudel und Wolf unterscheiden sich deutlich im Aussehen, dennoch gibt es viele Gemeinsamkeiten im Verhalten.

Labradoodle Lotta vereint sowohl die Eigenschaften des Labrador Retrievers als auch des Pudels in sich.

Hunde sind keine Wölfe

Hunde unterscheiden sich gravierend in der Ausprägung des Jagdverhaltens von ihren Verwandten, den Wölfen. Der Hund verhält sich auch im Erwachsenenalter in der Regel so, wie sich nur ein junger Wolf verhalten würde. Er jagt spielerisch allem hinterher, was ihm vor die Nase kommt, es steht kein existenzieller Sinn dahinter. Hunde haben sich damit im Bereich des Jagdverhaltens in Bezug auf die Verhaltensentwicklung deutlich von Wölfen entfernt, die Domestikation zeigt ihre Wirkung gerade in diesem Bereich. Damit wird auch klar, dass man Wölfe und Hunde niemals eins zu eins vergleichen kann. Natürlich kann für das Verständnis und für ein Training von Hunden ein Vergleich mit dem Wolf durchaus hilfreich sein. Dennoch sollte man sich hüten, ausschließlich aufgrund von wölfischem Verhalten auf hündisches Verhalten zu schließen und daraus Trainingsansätze zu entwickeln.

Jagen an sich ist ein Verhalten, das für den Hund selbstbelohnenden Charakter hat.

Jagen ist selbstbelohnend!

Was ist aber der Grund dafür, dass viele Hunde einer Jagd nicht widerstehen können? Der Hund empfindet schon das Verfolgen von Beute als angenehm und belohnend. Ob die Beute dabei letztlich gefangen wird oder aber fliehen kann, spielt keine Rolle.

Hormone und Verhalten

Hormone spielen bei der Ausführung von Verhalten eine große Rolle. Dank vieler Forschungen kennen wir die Zusammenhänge inzwischen recht genau, wenn auch immer wieder neue Wechselwirkungen bekannt werden. Der Neurotransmitter Dopamin spielt beim Jagdverhalten eine große Rolle. Dopamin ist allgemein für motiviertes Verhalten zuständig. Es steigert das Erkundungsverhalten sowie die Vorfreude auf eine kommende Aktion. Wird auch noch Serotonin ausgeschüttet, führt dies in Kombination mit Dopamin zu großer Begeisterung bis hin zur Euphorie, was das ausgeführte Verhalten selbstbelohnend macht. Der Hund braucht nicht einmal mehr den Jagderfolg als Belohnung für die Anstrengung des Jagens, allein die Ausführung des Verhaltens wirkt bereits belohnend, sodass er zukünftig wieder nach Situationen suchen wird, in denen er jagen kann. Er scannt die Umwelt regelrecht ab. Relevante Reize werden dabei deutlich wahrgenommen, während scheinbar irrelevante Reize ausgeblendet werden. Es gilt jetzt, die Beute zu orten, sich auf sie zu fokussieren, um dann das Glücksgefühl der Jagd erneut zu erleben. Bereits in dieser Phase bereitet sich der Körper des Hundes darauf vor, in Kürze agieren zu können. Adrenalin bewirkt, dass sich Herzschlag und Atemfrequenz erhöhen, damit die Muskeln während der Hetze mit ausreichend Sauerstoff versorgt werden. Der Cortisolwert steigt an, ein Indikator für den gestressten Zustand des Tiers, denn Cortisol wird nicht nur bei negativem Stress ausgeschüttet. Interessant, insbesondere auch für das Training bei unerwünschtem Jagdverhalten in Bezug auf unterschiedliche Beschäftigungsformen (siehe S. 120 ff.), ist eine Studie von Colussi et al. (2018), bei der nachgewiesen wurde, dass die Cortisolwerte von Pointern, die Federwild bei einer Jagd aufstöbern sollten, bereits vor der Jagd deutlich anstiegen, wohingegen die Cortisolwerte von Jagdhunden, die zur Nachsuche auf Schalenwild eingesetzt werden sollten, gleich blieben.
Zudem werden während der Hetze endogene Opioide ausgeschüttet, die das Schmerzempfinden des Hundes herabsetzen. Dadurch nimmt der Hund schmerzhafte Verletzungen während der Jagd kaum wahr und bricht diese selbst bei stark blutenden Wunden nicht ab. So kommt es nicht selten vor, dass der Hund nach der Hetze mit blutigem Ohr zu seinem Menschen zurückkommt, aber dennoch scheinbar „glücklich lächelnd“ und offensichtlich ohne größere Beeinträchtigung. Erst nach einiger Zeit, wenn der Glücksrausch nachlässt, zeigt der Hund die Schmerzen an.

Rechts: Gemeinsam unterwegs – der Beagle gehört zu den Gemeinschaftsjägern und jagt gern in der Gruppe.

Bällchenwerfen ist kein Spiel

Würde man eine Umfrage unter Hundehaltern machen, wie diese mit ihrem Hund spielen, würde ein großer Prozentsatz vermutlich antworten, dass „Bällchen werfen" das Lieblingsspiel von Mensch und Hund ist. Doch handelt es sich hierbei wirklich um ein Spiel? Schaut man sich die Kriterien von Spielverhalten an (siehe S. 19), stellt man schnell fest, dass diese kaum auf das Bällchenwerfen zutreffen. Ein Spiel dient keinem bestimmten Ziel, es gibt keinen fixen, immer gleichen Ablauf, die Atmosphäre ist entspannt. Spiel ist damit kreativ, keiner der Beteiligten weiß, wohin es sich im nächsten Moment entwickeln wird. Die Spielpartner übertreiben in ihrer Bewegung und zeigen damit, dass es sich keinesfalls um ernsthaftes Verhalten handelt. Schnell ist klar, dass das klassiche Bällchenwerfen alle diese Kriterien nicht beinhaltet. Der Ablauf ist immer gleich, der Mensch wirft, der Hund hetzt hinterher, fängt die Beute, bringt sie zurück und wartet angespannt auf den nächsten Wurf. Der Hund rennt zielgerichtet zur Beute, die Bewegungen sind kraftvoll und auf das Fangen der Beute ausgerichtet. Verändert der Mensch das Spiel, indem er den Ball z. B. nicht direkt wirft, führt das in der Regel dazu, dass der Hund angespannt die Spielfortsetzung einfordert – von einem Spielgesicht oder übertriebenen Spielbewegungen ist nichts zu sehen. Nicht selten ist es dem Hund sogar so ernst damit, dass er alle Hemmungen verliert und den Menschen, um seiner Forderung Nachdruck zu verleihen, in den Arm oder in die Hand beißt oder aber versucht, ihm die Beute abzunehmen, ohne Rücksicht darauf, ob sich vielleicht noch ein Finger zwischen dem Ball und seinen Zähnen befindet. Zurechtweisung durch den Menschen, sei es durch Schimpfen oder sogar körperliche Maßregelung (wobei ich anmerken möchte, dass diese nicht sinnvoll ist!), scheint der Hund gar nicht mehr wahrzunehmen. Er ist im Hormonrausch und möchte unbedingt den

Beim Jagdgalopp greifen die Hinterbeine vor die Vorderbeine,...

Glückszustand, der bei der Jagd nach dem Ball entstanden ist, erneut erleben. Schmerzen spielen keine Rolle, sämtliche irrelevanten Reize werden ausgeblendet. Den Hund immer wieder hinter dem Ball herrennen zu lassen, kann daher dazu führen, dass er regelrecht süchtig danach wird – der Hund wird zum Balljunkie (siehe S. 81 ff.)!

Vorsicht in der Pubertät

Insbesondere beim jungen Hund solltest du das Ballspiel nur eingeschränkt mit deinem Hund durchführen. In der Pubertät wird alles, was für deinen Hund wichtig ist, abgespeichert, alle nicht benötigten Informationen werden dagegen gelöscht. Lernt dein Hund, dass das Jagen und Hetzen von Ersatzobjekten für ihn von Bedeutung ist und ihm Glücksgefühle verschafft, kann es sein, dass du ihn auch in Zukunft kaum bei entsprechenden Reizen kontrollieren kannst. Kontrolle ist hierbei der entscheidende Faktor: Trainiere insbesondere in dieser Zeit mit deinem Junghund Beutespiele immer in Kombination mit Impulskontrolle. Dein Hund soll also lernen, zu warten, bevor er der Beute hinterherhetzen darf (siehe S. 96 ff.). Baue viele unterschiedliche Varianten in dein Training ein, sodass das Spiel unvorhersehbar bleibt. Sei kreativ, wechsle die Art der Beute (Bällchen, Spielzeug, Dummy, Futterbeutel etc.) und des Trainings (Hetze, Suche, gezieltes Schicken etc.). So verhinderst du, dass dein Hund zum Ball- bzw. Beutejunkie wird. Zwar sind solche Hunde oft recht leicht davon abzuhalten, Wild hinterherzuhetzen, denn sobald der Mensch „ihre“ Beute dabei hat, können sie die Augen nicht mehr davon abwenden. Doch es kann wohl kaum der Sinn eines Trainings sein, eine Sucht durch eine andere zu ersetzen. Denn ein Balljunkie nimmt auf dem Spaziergang nichts anderes mehr wahr als sein „Suchtmittel“, alle anderen Reize werden ausgeblendet. Der Spaziergang bedeutet für diesen Hund von Anfang bis Ende Stress, er steht die ganze Zeit „unter Strom“. Die Umwelt erleben, die Gerüche wahrnehmen, hier und da schnüffeln und vor allem gemeinsam mit seinem Menschen die Zeit zu genießen, davon ist ein Balljunkie meilenweit entfernt!

Jagen macht Spaß!

Das Zusammenspiel aller Hormone führt dazu, dass viele Hunde geradezu nach Situationen suchen, in denen sie Jagdverhalten ausführen können. Ebenso erklärt es, warum ein jagender Hund nur schwer von diesem Verhalten abgebracht werden kann, wenn er einmal damit begonnen hat. Er hat seine Belohnung sozusagen schon erhalten, er ist gerade mittendrin! Jagen macht Hunden also einfach Spaß. Dieser Ansicht war auch der Kynologe Erik Zimen, der 1994 in einem Gespräch mit Martin Rütter Folgendes zu diesem Thema sagte: „Ach Martin, so eine kleine Hatz ab und zu macht doch einfach Spaß und sollte schon sein!“

...damit der Hund dann mit weitem Raumgriff und geradem Rücken die Vorderbeine weit nach vorn setzen kann.

Soll man Jagdverhalten unterbinden?

Der Ausspruch von Erik Zimen führt noch zu einem weiteren Aspekt. Wenn Jagdverhalten also ein durch die Genetik fest verankerter Teil des hündischen Verhaltens ist, muss man sich fragen, welche Auswirkungen es auf den Hund hat, wenn man ihm dieses Ausleben seiner genetisch bedingten Bedürfnisse verbieten würde.

Für einen Hund mit großer jagdlicher Motivation stellt es eine starke Unterdrückung seiner Wesenszüge dar, wenn man ihm keine Möglichkeit zum Ausleben dieses Verhaltens gibt. Als Folge davon entwickelt sich dann oft fehlgeleitetes Jagdverhalten wie das Jagen von Joggern, Fahrrädern oder sogar Autos.

Der Hund sucht irgendeine Befriedigung für das in ihm vorhandene Bedürfnis der Jagd und wendet es auf jedes Objekt an, das irgendwie als Beuteobjekt in sein Schema passt.

JAGD HAT NICHTS MIT AGGRESSION ZU TUN!

In diesen Zusammenhang gehört auch der jagdlich orientierte Angriff eines Hundes auf den Menschen. Obwohl ein solcher Angriff schlimm ist, unterscheidet er sich doch grundsätzlich von einem aggressiv motivierten Angriff eines Hundes. Untersuchungen haben ergeben, dass die neuronalen Steuerungen beim Jagdverhalten grundsätzlich anders sind als bei aggressivem Verhalten.

„Nun rechnet man heute das Beutefangverhalten i. Allg. zwar nicht zum Aggressionsverhalten, seine neuronale Steuerung ist eine andere, mit Beutetieren wird nicht aggressiv kommuniziert, die Handlungsketten sind deutlich verschieden.“

(Feddersen-Petersen, 2004)

Bei Jagdhund-Mischlingen, wie der Hündin Lea, können unterschiedliche jagdliche Motivationen vorhanden sein.

Im Falle des Jogger jagenden Hundes ist es das schnelle Flüchten der Beute, das die Jagdsequenz auslöst. Auch ein anderer vorbeilaufender Hund kann das Hinterherhetzen bei einem Hund auslösen. In aller Regel stoppt der Hund das Hinterherjagen, sobald der Mensch stehen bleibt, also sobald der Reiz des Flüchtens nicht mehr vorhanden ist bzw. sobald der Hund erkennt, dass es sich um einen Artgenossen, also um einen Sozialpartner handelt. Die Endhandlung, das Packen und Töten, wird in dem Fall nicht gezeigt.
Sollte dein Hund ernsthaftes Jagdverhalten, also einschließlich der Endhandlung des Packens und Tötens, gegenüber Menschen oder Artgenossen zeigen, hole dir dringend Hilfe von einem professionellen Hundetrainer, denn Jagdverhalten gegenüber Artgenossen bzw. Sozialpartnern gehört in den Bereich der Verhaltensstörung.

Unterschiede: Jagd und Aggression

Es gibt also erwiesenermaßen physiologisch messbare neuronale Unterschiede zwischen Jagd und Aggression, dennoch ist beides ein aggressiver Zustand. Bei der jagdlichen Sequenz ist es allerdings eher ein funktionaler Akt ohne große emotionale Beteiligung, bei der sozialen Aggression findet man dagegen auch eine emotionale Beteiligung, der Hund kann richtiggehend „wütend" sein. Ein Unterschied zeigt sich auch in der Art des Verletzens: Beim Jagdverhalten werden in der Regel gezielte Bisse zum Töten des Beutetiers eingesetzt, bei der sozialen Aggression findet man eher ungezielte Bisse, die zunächst nur auf Verletzungen ausgerichtet sind. Zudem wird bei sozialer Aggression in aller Regel vorab auf Distanz kommuniziert, Drohverhalten ohne Körperkontakt wie Fixieren, Knurren und Zähne zeigen sollen eine mögliche körperliche Auseinandersetzung gegebenenfalls noch abwenden. Bei der Jagd hingegen versucht der Hund so lange wie möglich unentdeckt zu bleiben. Erst dann, wenn er sich sicher ist, das Objekt der Begierde erbeuten zu können, verlässt er die Deckung und startet die Jagd. Kommunikation findet hier also mit Sicherheit nicht statt.

Unterdrückung von Verhalten

Eine mögliche Konsequenz, die bei der Unterdrückung von Verhalten entstehen kann, ist das Auftreten psychischer Störungen wie autoaggressives Verhalten. Der Hund löst die durch die nicht befriedigten Bedürfnisse aufgetretenen Spannungen, indem er sich z. B. selbst verletzt. Meist werden dabei die Pfoten beknabbert oder aber die Rute ununterbrochen gejagt. Das kann so weit gehen, dass der Hund sich Pfoten oder Rute regelrecht blutig beißt.
Wir sollten uns immer bemühen, Hunde so artgerecht wie möglich zu halten. Doch wer hat heutzutage noch die Möglichkeit, seinen Hund den ganzen Tag nach Lust und Laune durch die Natur streifen zu lassen, damit er seine Bedürfnisse nach dem Auffinden von Spuren und dem Verfolgen von Beute ausleben kann? Der Lebensraum ist sehr beengt, vielbefahrene Straßen durchziehen die Landschaft, und natürlich ist auch die Natur mittlerweile so stark beansprucht, dass die Wildtiere vor unnötigen Störungen geschützt werden müssen (siehe S. 166).
Der Freiraum, den Hundehalter nutzen können, wird immer kleiner, oft noch erschwert durch Zeiten von Leinenpflicht, die einen Freilauf unmöglich macht. Was liegt da näher als der Gedanke, Jagdverhalten gar nicht erst entstehen zu lassen?

Jagdverhalten des Hundes zu unterbinden, kann nicht artgerecht sein. Es führt in der Regel zu weiteren schwerwiegenden Verhaltensproblemen und ist daher nicht Lösung des Problems.

Früh übt sich … Verhaltensentwicklung

Der Welpe wird taub und blind geboren, er ist ganz von der Mutterhündin abhängig. In dieser Zeit kann er also ganz offensichtlich noch nicht jagen. Doch bereits jetzt zeigt er zielgerichtetes Verhalten, indem er die Zitze der Mutterhündin sucht, wenn er Hunger hat.

Appentenzgerichtetes Verhalten (appentens (lat.) = nach etwas strebend, begierig nach) ist also auch in dieser Zeit bereits erkennbar. Der Welpe verspürt Hunger, dies löst bei ihm die Suche nach der Zitze aus. Er macht sich auf den Weg, kriecht im Kreis, pendelt mit dem Kopf hin und her, wittert und versucht die Wärme der Mutterhündin zu erspüren. Hat er die Zitze gefunden, umschließt er sie mit seiner Zunge und saugt. Das Hungergefühl wird befriedigt und satt und zufrieden schläft der Welpe ein.
Doch wann werden die ersten eindeutigen Elemente des Jagdverhaltens gezeigt? Bis der Hund dem Hasen hinterherläuft, dauert es in der Regel noch einige Zeit.

Labrador Retriever-Welpe Blue apportiert schon im Alter von acht Wochen gern sein Dummy.

Jagdverhalten beim Welpen

Beobachtet man das Verhalten, stellt man schnell fest, dass bereits junge Welpen Jagdspiele mit Ersatzbeuteobjekten wie Spielzeugen zeigen oder das Fixieren, Anschleichen und Hetzen mit ihren Wurfgeschwistern als Beuteersatz üben. Schon ab dem Alter von vier bis fünf Wochen sieht man gerade im gemeinsamen Spiel der Welpen deutlich, dass sie in dieser Phase, der sensiblen Sozialisierungsphase, spielerisch jagdliche Verhaltenssequenzen üben. Bereits jetzt werden auch Unterschiede im Jagdverhalten deutlich. So schleicht der Border Collie-Welpe unermüdlich an seine „Beute“ an und verharrt dabei immer wieder, während der Labrador Retriever mit Leidenschaft Spielzeug herumschleppt, wohingegen der Terrier das Spielzeug exzessiv herumschleudert und damit das Töten der Beute übt. Noch deutlicher wird das Jagdverhalten in der Sozialisierungsphase zwischen der 8. und 16. Woche. In dieser Zeit kann man häufig Welpen beobachten, die spielerisch einem Blatt hinterherjagen, die einen Stofffetzen „totschütteln“ oder einen Ball mit einem Sprung „erschlagen“. Der Unterschied zum späteren Jagdverhalten besteht einzig und allein in der Ernsthaftigkeit des Verhaltens. In dieser Phase wird spielerisch geübt, was man später einmal im Leben braucht.

Der zwölf Wochen alte Border Collie-Welpe Ray übt Jagdverhalten im Spiel mit einem wegfliegenden Blatt.

Merkmale von Spielverhalten

Echtes Spiel ist durch verschiedene Merkmale gekennzeichnet. Es fehlt der Ernstbezug, es gibt keine Endhandlung. Startet ein Welpe also z. B. einen jagdlichen Angriff mit Anschleichen, Fixieren und Verfolgen auf eines seiner Geschwister, ist für alle klar, dass diese Handlung nicht ernst gemeint ist, am Ende also kein Packen und Töten der „Beute" erfolgt.

Deutlich wird dies durch die sogenannten Spielsignale. Hierzu gehört neben einer übertriebenen Körperhaltung auch eine extreme Mimik, das Spielgesicht. Hunde reißen dafür das Maul weit auf, sodass man ihr gesamtes Gebiss sehen kann. Es zeigt dem anderen Hund deutlich: *„Sieh her, hier sind meine Waffen, ich beabsichtige aber nicht, sie einzusetzen."* Die übertriebene Körperhaltung zeigt sich gerade beim Jagdspiel von erwachsenen Hunden. Der verfolgte Hund flüchtet nicht im Jagdgalopp, einer Bewegungsform mit weiten Sprüngen mit großem Raumgriff und gestreckter Wirbelsäule. Vielmehr wirft er die Beine hoch in die Luft und baut Sprünge sowie Drehungen mit ein.

Die Opferrolle wird durch eine extrem – in einem starken Bogen – eingezogene Rute verdeutlicht.

Diese unterscheidet sich klar von der eng eingezogenen Rute eines Hundes, der Angst hat und tatsächlich verfolgt wird. So ist für alle Beteiligten klar: Hier wird nur gespielt!
Der Spielverlauf ist durch Wiederholungen gekennzeichnet, es werden Verhaltensweisen aus den verschiedenen Verhaltensbereichen aneinandergefügt. So kann der Welpe das Anschleichen direkt nach dem Ende der Verfolgungsjagd erneut durchführen, er kann aber auch eine vollkommen andere Handlung zeigen, indem er z. B. das Geschwisterchen in die Beine beißt und damit ein Beißspiel startet.
Zudem ist Spiel nicht einseitig, es gibt immer wieder einmal einen Rollenwechsel. Der Rollenwechsel ermöglicht es einem in einer Beziehung dominanten Hund eine eher rangniedrige Rolle einzunehmen, und umgekehrt kann der Rangniedrige spielerisch auch einmal über dem Ranghöheren stehen. Dadurch entstehen keine Probleme für die weitere Beziehung und die entwickelte Rangordnung bzw. Beziehungsebene, denn für alle Spielpartner ist klar: *„Das ist alles nur ein Spiel.“* So könnte beim Spiel mit den Welpen durchaus auch die Mutterhündin die Rolle des Gejagten, des Opfers, übernehmen und sich von ihren Welpen verfolgen lassen. Sollte allerdings Gefahr im Verzug sein, ist jedes Spiel sofort beendet.

KENNZEICHEN VON SPIEL
- Kein Ernstbezug
- Keine Endhandlung
- Wiederholungen
- Immer neu kombinierte Handlungen
- Rollenwechsel
- Übertriebenes Ausdrucksverhalten
- Entspannte Lebenssituation

Echtes Spiel erkennt man durch wechselnde Rollen.

Bestandteil des Verhaltensrepertoires

Diese ersten Sequenzen des Jagdverhaltens braucht ein Welpe nicht von der Mutterhündin zu erlernen, sie sind genetisch fixiert und reifen in der Verhaltensentwicklung des Welpen zum genetisch festgelegten Zeitpunkt heran. Sie werden dann im Spiel mit Objekten und den Geschwistern sowie der Mutter verfeinert und vollständig ausgebildet. Die Entwicklung des Jagdverhaltens ist also vollkommen natürlich und ohne grundlegende Eingriffe in die Entwicklung des Welpen nicht zu verhindern. Denn dies wäre nur dann möglich, wenn man den Welpen ohne jegliche Reize wie Spielzeug, aber auch Blätter, Sonnenstrahlen etc. aufwachsen lassen würde. Zudem dürfte er keinen Kontakt mit seinen Geschwistern und der Mutterhündin haben, denn gerade im Spiel miteinander wird jagdliches Verhalten geübt.
Doch welche Verhaltensprobleme sich dann entwickeln würden, ist durch die sogenannten Kaspar-Hauser-Versuche längst bekannt. Hierzu wurden in der Verhaltensbiologie Versuche durchgeführt, Tiere möglichst ohne Umwelterfahrungen und Kontakt zu Artgenossen und anderen Tieren aufzuziehen. Man wollte damit den Nachweis führen, dass die vom Tier gezeigten Verhaltensweisen im

Nachdem der Mini Australian Shepherd-Welpe Flynn erst unten lag, bestimmt er jetzt den weiteren Spielverlauf.

Spiel findet immer nur dann statt, wenn alle Beteiligten sich sicher fühlen, die Situation entspannt ist.

Erbgut verankert sein müssen. Am bekanntesten sind die Versuche von Harry Harlow (1905 – 1981) mit Rhesusaffen. Die vollkommen isoliert aufgewachsenen Versuchsaffen waren später so verhaltensgestört, dass sie oft selbst nicht mehr in der Lage waren, Junge aufzuziehen.

Ein soziales Lebewesen wie den Hund in der wichtigsten Entwicklungsphase seines Lebens, der sensiblen Sozialisierungsphase in der Welpenzeit, isoliert zu halten, führt daher erwiesenermaßen zu schwerwiegenden Entwicklungsproblemen. Der Hund kann weder lernen, wie man sich in einer Gruppe verhält, also welche Verhaltensregeln eingehalten werden müssen, noch lernt er die Anwendung und das Verständnis der arteigenen Kommunikation. Zudem weiß er nicht, wie er mit Außenreizen umgehen soll, er wird vor jedem neuen Reiz Angst zeigen.

Vermehrer-Welpen

Diese Problematik kennt man auch von Welpen, die aus Welpenproduktionsstätten kommen, wo sie ohne jegliche Reize in einem Stall oder Kellerraum aufwachsen. Die Aufnahme eines solchen Hundes ist eine große Herausforderung für die neuen Halter, denn dieser Welpe muss behutsam an die Anforderungen des Lebens herangeführt werden. Wird der Welpe mit acht Wochen vermittelt, kann er durch entsprechende Gewöhnung an viele unterschiedliche Reize sowie ausreichende Sozialisation auf Artgenossen und Menschen noch genügend lernen, um ein halbwegs normales Leben zu führen. Wird der Hund jedoch erst im Junghundealter oder als erwachsener Hund vermittelt, wird er sein Leben lang große Probleme haben, sich in der menschlichen Zivilisation, aber auch im Zusammenleben mit Artgenossen, zurechtzufinden.

Magyar Vizsla-Rüde Klopfer steht so lange vor der Beute vor, bis Sarah ihn zum Apportieren schickt.

Was nicht vorhanden ist ...,

... kann sich nicht entwickeln!

Viele Menschen haben Angst, dass sie ihren Hund durch ein Training, das jagdliche Elemente wie das Suchen, das Verfolgen von Spuren oder die Hetze nach Beute enthält, erst recht zu einem Jäger machen. Diese Angst ist jedoch vollkommen unbegründet. Jagdliche Veranlagung muss vorhanden sein, sonst kann sich diese nicht zeigen und entwickeln. Deutlich wird dies, wenn man die Verhaltensunterschiede der einzelnen Rassen in Bezug auf das Jagdverhalten vergleicht.

So zeigen Vorstehhunde (siehe S. 55 f.) z. B. ausgeprägt das sogenannte Vorstehen. Sie verharren dabei mit einer erhobenen Vorderpfote, sobald sie Wild gewittert haben. Dieses Verhalten ist genetisch bedingt. Kein Labrador Retriever, der zu der Rassegruppe der Apportierhunde (to retrieve = herbeibringen) gehört, würde mit noch so viel Training beginnen, ausdauernd vorzustehen, denn dieses Verhalten ist in seinem Verhaltensrepertoire nicht vorgesehen (siehe S. 54 f.). Natürlich könnte man ihm mit viel Geduld beibringen, beim Aufspüren von Wild stehen zu bleiben, jedoch hätte dieses Verhalten kaum die Ausprägung, die ein Vorstehhund dabei zeigt. Der Labrador würde vielleicht stehen bleiben, jedoch in der Regel ohne (stark) angewinkelte Vorderpfote. Der Blick würde eher zwischen Beute und Mensch hin- und hergehen, denn dem Retriever ist die Zusammenarbeit mit dem Menschen besonders wichtig. Er würde wahrscheinlich auch nicht ausdauernd, ohne den Kopf abzuwenden, die Beute fixieren. Gefördert werden kann also immer nur das, was auch in den Anlagen des Hundes vorhanden ist. Ein Hund mit gering ausgeprägter jagdlicher Motivation wird sich also selbst durch wilde Hetzspiele nach Beute kaum zu einem starken Jäger entwickeln, der jedem Wild hinterherjagt. Besteht jedoch eine ausgeprägte jagdliche Motivation, kann sich diese durchaus durch falsches Training so entwickeln, dass der Hund jedem irgendwie zu seinem Bedürfnis passenden Reiz nachgibt und damit ständiges und ausgeprägtes Jagdverhalten zeigt. Daher ist der Aufbau des Trainings von großer Bedeutung, denn nicht immer weiß man beim Welpen, wie stark ausgeprägt dessen jagdliche Motivation einmal sein wird. Auch wenn die Veranlagung der Elterntiere einen Hinweis darauf gibt, wie der Welpe sich vermutlich entwickeln wird, gibt es selbst in einem homogenen Wurf einer Jagdhunderasse Unterschiede, denn jeder Welpe hat eine individuelle Genkombination von den Elterntieren vererbt bekommen und entwickelt sich einzigartig.

Jagdverhalten beim Junghund

Kritisch wird falsch aufgebautes Training besonders in der Junghundezeit. In dieser Phase lernt der Hund, welche Jagdobjekte sich lohnen und wie ernsthafte Jagd erfolgreich umgesetzt werden kann. Das muss er in der Natur auch, denn sonst könnte er nicht überleben. Das junge Rudelmitglied wird nun von den Erwachsenen zur Jagd mitgenommen, denn Jagdverhalten hat durchaus auch eine soziale Komponente. Der Jungspund muss lernen, wie man sich in der Gruppe verhält, damit die Jagd erfolgreich ist und die Gruppe überleben kann. Genetisch fixierte Verhaltenselemente müssen sich also auch entwickeln, um perfektioniert zu werden. Diese Entwicklung geschieht durch Lernvorgänge:

- Lernen durch Versuch und Irrtum (trial and error): Der Junghund, der zufällig eine Maus erwischt, auf die er gesprungen ist, macht die Erfahrung, dass sich dieses Verhalten lohnt. Er wird es daher in Zukunft öfter zeigen und immer weiter perfektionieren.
- Lernen durch Beobachtung: Durch Beobachten und Nachahmen der Althunde lernen die Junghunde, wie man ein Beutetier stellt oder reißt.

Fixierung auf Wild verhindern

Das Vorstehen des Vorstehhundes oder das Fixieren des Hütehundes sind zwar genetisch fixierte Verhaltenselemente, aber die Objekte, auf die diese Elemente gerichtet sind, müssen vom Hund erst erlernt werden. Diese Voraussetzung solltest du dir bei der Erziehung deines Hundes zunutze machen. Wenn du z. B. verhinderst, dass dein Junghund in seiner Entwicklung zum erwachsenen Hund einem Hasen hinterherläuft, indem du ihn in dieser Phase auf Spaziergängen an der Schleppleine laufen lässt, macht er nicht die Erfahrung, wie viel Spaß die Verfolgung dieser speziellen Beute machen kann.

Parallel dazu gibst du deinem Hund vor, in Bezug auf welche Beute er sein Jagdverhalten ausleben darf, indem du z. B. Jagdspiele mit einem Futterbeutel oder Ball mit ihm durchführst.
Gerade in dieser Phase sind Erlebnisse einschneidend, denn der Hund hat aufgrund seines Alters nur wenige Erfahrungen gemacht. Ist nun eine der ersten jagdlichen Erfahrungen der Spaß, hinter einem Hasen herzulaufen, wird sich dieses Erlebnis regelrecht im Gedächtnis deines Hundes einbrennen. Er speichert sie als lohnende Handlung ab und wird nun immer wieder im Lauf seines Lebens versuchen, dieses Glücksgefühl, das er bei der Hasenhetze empfunden hat, wiederherzustellen. Hat dein Hund aber in der Junghundezeit viele anregende Reize in Bezug auf das Jagdverhalten zusammen mit dir erfahren, indem er z. B. eine spannende Beute wie den Futterbeutel apportieren, einem Gegenstand hinterherhetzen oder aber auch eine Spur verfolgen durfte, ist er nicht nur auf diese von dir vorgegebene Art von Beute fixiert, es bestehen zudem viele positive Erfahrungen hinsichtlich des Auslebens von Jagdverhalten durch gemeinsame Jagdspiele mit dir. Läuft dein Hund dann im Alter von zwei oder drei Jahren doch einmal einem Hasen hinterher, wird dieses Erlebnis nicht so einschneidend für ihn sein. Es wird ein Erlebnis mit guten Gefühlen unter vielen anderen Erlebnissen sein, sodass die Gefahr, dass er nun andauernd versucht, erneut Hasen zu jagen, viel geringer ist.

Die zwölf Jahre alte Mischlingshündin Luna liebt das gemeinsame Apportierspiel mit Heike.

Jagen festigt die Gemeinschaft

In diesem Punkt unterscheidet sich das Jagdverhalten der Hunde nicht vom Jagdverhalten von Wölfen. Auch Wölfe jagen zwar oft einzeln, doch vor allem dann, wenn große Beutetiere im Jagdrevier der Wölfe leben, ist man erst in der Gruppe so richtig erfolgreich. Zusammen kann man gemeinsame Jagdstrategien entwickeln, um eine so große Beute so schnell wie möglich zu erlegen. Hier muss sich der Einzelne auch einmal zurücknehmen, denn die Fähigkeiten müssen individuell angewandt werden. Am Ende der gemeinsamen Jagd steht der Erfolg und das gemeinsame Fressen, die Beute wird geteilt. Durch die Jagd werden somit die sozialen Beziehungen einer Gruppe gefestigt und die Kommunikation innerhalb einer Jagdgemeinschaft verfeinert. Jagdverhalten hat also nicht selten auch eine soziale Komponente.

Die Rolle des Menschen

Die meisten Hundehalter denken nun vermutlich: *„Also mein Hund ist immer allein unterwegs, er schaut sich nicht ein einziges Mal während des Spaziergangs nach mir um. Wenn er einen Hasen erblickt, ist er sofort weg. Wo zeigt der Hund da sein Interesse an einer gemeinsamen Jagd?"* Leider sieht man in der Tat genau dieses Verhalten sehr häufig, der Hase geht hoch, und schon ist der Hund weg, ohne auch nur einen Gedanken an seinen

Menschen zu verschwenden. Doch woran liegt das? Hat der Haushund wirklich kein Interesse mehr an der gemeinsamen Jagd?
Hier lohnt es sich noch einmal genauer darüber nachzudenken, welche Verhaltensweisen beim Hund sehr häufig zu sehen sind. Denn ein weiteres Problem, das viele Halter jagender Hunde kennen, ist folgendes: Ein gemütlicher Spaziergang mit dem eigenen Hund, zusammen mit lieben Freunden und deren Vierbeinern, endet auf einmal in lautem Geschrei und panischen Rufen. Denn als einer der Hunde einen Hasen entdeckt hat, stürmt nicht nur dieser Hund hinterher. Nein, alle Hunde rasen begeistert los, scheinen sich gegenseitig noch anzufeuern und sind für jegliche Rufe ihrer Halter scheinbar taub. Einen einzelnen Hund vom Jagen abzuhalten, ist häufig durch gezieltes Training noch möglich. Starten aber zwei oder sogar mehrere Hunde zur Jagd, gibt es meist kein Halten mehr. Also scheint die gemeinsame Jagd dem Haushund doch gar nicht so fern zu sein. Hier stellt sich eher die Frage: Warum sieht der Hund im Menschen offenbar nicht den passenden Jagdpartner? Dies sollte immer der grundlegende Trainingsansatz bei der Problematik des unerwünschten Jagdverhaltens sein. Der Mensch muss nicht nur Sozialpartner des Hundes sein, er muss ihn auch in seinen ureigenen Interessen verstehen und diese mit ihm gemeinsam erleben wollen.

Auch alte Hunde können das Apportieren noch erlernen. Luna ist begeistert, wenn sie ihren Futterbeutel bringen darf.

In der Junghundezeit ist es wichtig, den Vierbeiner immer im Blick zu behalten, da er sich sonst schnell selbstständig macht.

Vorsicht in der Junghundezeit

Gerade in der Jugendzeit des Hundes passieren oft die entscheidenden Fehler. Der Junghund stöbert durch den Wald, der Mensch läuft entspannt hinterher, genießt die Natur. Auf einmal entdeckt der junge Hund einen spannenden Geruch oder ein auffliegendes Blatt. Er dreht sich aufgeregt zu seinem Menschen um, in Erwartung einer zustimmenden Reaktion. Der Mensch, wenn er diese Kontaktaufnahme des Hundes überhaupt wahrnimmt, ruft den Hund und fordert ihn auf, weiterzugehen. Man will schließlich die Runde beenden, ein Ziel erreichen, weiterkommen. Der junge Hund versteht seinen Menschen nicht. Sollte dieser den spannenden Geruch bzw. die interessante Beute etwa gar nicht wahrgenommen haben? Und so beginnt er, sich selbstständig zu machen, den Geruch auszuarbeiten oder dem Blatt hinterher zu hetzen. Anfangs nur ein Stück, mit der Zeit immer weiter. Nachdem er mehrfach erlebt hat, dass sein Mensch entweder kein Interesse an diesen spannenden Reizen hat oder sie gar nicht wahrnimmt, wird der Hund, der nun langsam in die Pubertät kommt, immer weniger Kontakt zu seinem Menschen aufnehmen. Er verselbstständigt sich immer mehr, bis er dann mit vielleicht ein bis zwei Jahren die erste Jagd dem Kaninchen hinterher aufnimmt.

Kastration, ein Allheilmittel?

Insbesondere in der Junghundezeit mit Beginn der Pubertät, wenn sich also das Sexualverhalten des Hundes entwickelt, verzweifeln viele Hundehalter. Der Hund scheint nicht mehr ansprechbar, er orientiert sich nur noch am anderen Geschlecht und hat scheinbar kein Interesse mehr für den Menschen. Selbst das zuvor heiß geliebte gemeinsame Apportier- oder Suchspiel kann den Hund nicht mehr locken. Allheilmittel für Hunde mit stark ausgeprägtem Sexualverhalten soll nicht selten die Kastration sein. Und sicherlich, Probleme, die allein auf der Grundlage sexueller Motivation beruhen, werden nach einer Kastration in aller Regel geringer, das unerwünschte Verhalten wird meist seltener und in geringerer Ausprägung gezeigt. Dennoch, ganz verschwindet es zumeist nicht, was daran liegt, dass einem Verhalten nicht selten mehrere Motivationen zugrunde liegen. Zudem ist ein Verhalten, was lange Zeit ausgeführt wird, ritualisiert und zeigt sich daher oft auch dann noch, wenn die eigentliche Motivation nicht mehr vorhanden ist.

Umlenkung der Motivation

Ein weiteres Problem tritt nach einer Kastration nicht selten zutage: Wird dem Hund eine seiner Motivationen „genommen", treten andere stärker in den Vordergrund. Der Pudel, der zuvor zwar ab und an dem Wild kurz nachgesetzt ist, jedoch an Wildspuren kaum Interesse hatte, da für ihn nur die Urinmarkierungen der Konkurrenz bzw. potenzieller Partnerinnen wichtig waren, zeigt nicht selten nach der Kastration stark ausgeprägtes Jagdverhalten. Kaum im Wald angekommen, nimmt er die Nase nach unten und sucht aktiv nach Spuren von Kaninchen oder Reh. Hat er die Spur aufgenommen, ist er durch nichts mehr vom Verfolgen abzuhalten und kehrt erst nach langer, intensiver Suche zu seinem Menschen zurück, der verzweifelt nach seinem Hund Ausschau gehalten hat.
Du solltest daher immer vor einer möglichen Kastration die eventuell vorhandene jagdliche Motivation deines Hundes überprüfen. Ein entsprechendes Training in Bezug auf jagdliches Alternativverhalten solltest du bereits lange vorher beginnen. Eine Kastration in der Pubertät ist sowieso in aller Regel nicht anzuraten. Du solltest deinen Hund erst einmal erwachsen werden lassen, die anstrengende Zeit der Pubertät gehört einfach zum Leben dazu, auch bei einem Hund. Wenn du dir nicht sicher bist, ob dein Hund eine hohe jagdliche Motivation besitzt, lässt du ihn vor einer Kastration am besten durch einen professionellen Hundetrainer einschätzen. Eine Kastration hat nie nur medizinische Aspekte, die bedacht werden müssen. Es müssen immer auch die Auswirkungen auf Verhaltensänderungen, und das nicht nur in Bezug auf die sexuelle Ebene, sondern auch in Bezug auf das gesamte Verhaltensspektrum des Hundes, betrachtet werden.

Rechts: Ständiges Markierverhalten kann auf eine stark ausgeprägte sexuelle Motivation hinweisen.

Martin bewegt den Futterbeutel von Lea weg, woraufhin die Mischlingshündin begeistert auf das Jagdspiel eingeht.

Sozialkomponente von Jagd

Damit dein Hund sich im Jagdverhalten nicht verselbstständigt, musst du dieses Verhalten als soziale Komponente ansehen. Du musst deinem Hund die Möglichkeit bieten, das Jagdverhalten gemeinsam mit dir auszuleben.

Doch was genau sollst du nun tun? Musst du jetzt ein Kaninchen verstecken, um dieses gemeinsam mit deinem Hund zu jagen? Ist es nicht viel besser, das Jagdverhalten, so wie es dein Hund zeigt, zu akzeptieren und es nicht noch weiter zu fördern?

Die Angst, vorhandenes Jagdverhalten durch Trainingsformen, die jagdliche Elemente enthalten, zu verstärken und es damit erst recht problematisch zu machen, besteht bei vielen Hundehaltern. Doch kann man einzelne jagdliche Verhaltensweisen des Hundes im Alltag überhaupt unterbinden? Dazu muss man sich zunächst einmal darüber klar werden, welche Verhaltensweisen des Hundes überhaupt zum Jagdverhalten gehören. Denn ein Hund zeigt Jagdverhalten nicht nur dann, wenn er dem Kaninchen hinterherrennt oder das Reh durch den Wald hetzt. Diese Verhaltensweisen sind es zwar, die dem Menschen Sorgen machen, das Jagdverhalten des Hundes ist jedoch tief in ihm verwurzelt und zeigt sich immer wieder in unerwarteten Augenblicken im Alltag. Natürlich muss Ziel der Erziehung des Hundes sein, dass dieser die Feld- und Waldbewohner in Ruhe lässt, zu deren, aber auch zu seiner eigenen Sicherheit, denn nicht wenige Hunde sind bei der Hetze hinter dem Hasen Opfer eines Autounfalls geworden.

Wann Hunde jagen

Für viele Menschen entsteht das unerwünschte Jagdverhalten ihres Hundes „auf einmal". Zwei Jahre lang war der Hund ein braver Vierbeiner, der immer auf seinen Menschen geachtet und auf alle Signale reagiert hat, und auf einmal ist er beim Hasen nicht mehr zu halten.

Oftmals wird das Verhalten an einer Schlüsselsequenz ausgemacht. *„Seitdem auf dem Spaziergang direkt vor ihm ein Hase hochgegangen ist und er diesen verfolgt hat, ist er nicht mehr zu stoppen. Sobald sich etwas bewegt, ist er weg, zudem sucht er geradezu danach."* Dass der Hund aber bereits lange vorher jagdliches Interesse gezeigt hat, ist dem Menschen nicht bewusst. Für ihn wird das Jagdverhalten meist immer erst dann deutlich, wenn es zum Problem wird. Der Hund, der dem Hasen oder Reh hinterherläuft, minuten- bis stundenlang unterwegs ist und oftmals erst von Fremden wieder nach Hause gebracht wird, bedeutet eine starke Belastung. Doch ein Hund zeigt auch in vielen weiteren Situationen bereits Jagverhalten.

Was zum Jagen gehört

Ein Hund zeigt bereits in vielen scheinbar normalen Situationen Jagverhalten:

— in Mäuselöchern buddeln
— eine Spur verfolgen
— im Gebüsch stöbern
— eine Beute fixieren
— am Feldrand vorstehen und Wild anzeigen
— an eine Beute wie Vogel, Artgenosse oder Ball anschleichen
— ein Spielzeug beim Tragen schütteln
— Fliegen fangen
— Schatten oder Lichtreflexe verfolgen
— Autos, Joggern oder Radfahrern hinterherjagen
— Beutespiele, z. B. mit Bällen oder anderen Gegenständen durchführen

Das Jagdverhalten kann verschiedene Ausprägungen haben und aus unterschiedlichen Elementen und Verhaltensweisen bestehen, die je nach Rasse und Veranlagung vom Hund einzeln oder in Kombination gezeigt werden.

Rottweiler-Hündin Maja rennt der Joggerin hinterher, hierfür kann sowohl territoriale als auch jagdliche Motivation Ursache sein.

Jagdmotivation
— Verhalten im Alltag

01

02

01 Mauselöcher buddeln

Buddeln ist die Leidenschaft vieler Hunde, vor allem dann, wenn man dieser Vorliebe auf einer Wiese mit vielen Mauselöchern nachgehen kann. Zunächst beobachtet der Hund, ob sich vielleicht irgendwo eine Bewegung zeigt. Dann, auf einmal, erfolgt der Mäuselsprung auf ein bestimmtes Loch, gefolgt von wildem Buddeln. Jagdlich geschickte Hunde fangen hierbei nicht selten eine Maus, die dann oft ihr Leben lassen muss. Nicht selten beißt der Hund beim Buddeln auch in die Erde und rupft aus jagdlicher Erregung ganze Grasbüschel aus. Steigert sich dein Hund hierbei so hinein, dass er nicht mehr ansprechbar ist, solltest du das Buddeln in Mauselöchern einschränken bzw. unterbinden. Alternativ kannst du eine Beute wie den Ball oder Futterbeutel vergraben, sodass dein Hund das Buddeln dennoch ausleben kann. Achte auch darauf, wo dein Hund buddelt, damit die Löcher nicht zu gefährlichen Stolperfallen für andere Hunde oder Menschen werden. Und natürlich darf auch nicht auf Weiden und Wiesen gebuddelt werden.

02 Spuren verfolgen

Fast alle Hunde lieben es, Spuren zu verfolgen. Auch wenn es Spezialisten unter den Hunden mit besonders feiner Nase gibt, wie z. B. die Schweißhunde, sind doch alle Hunde in der Lage, Spuren aufzufinden und zu verfolgen, ohne dass man ihnen das erst mühsam beibringen muss.

03 Im Gebüsch stöbern

Kleineres Wild versteckt sich gern im dichten Gebüsch, doch der Hund mit seiner guten Nase bekommt auch hier davon Witterung. Interessiert sucht er das gesamte Gebüsch ab, bis er das Wild aufgespürt hat und dieses vor ihm flüchtet, sodass er es verfolgen kann. Manche Hunde lieben das Stöbern nach Wild umso mehr, je dichter das Gebüsch ist und je intensiver sie die Nase einsetzen müssen.

04 Beute fixieren

Beim Fixieren der Beute können Hunde fast unbeweglich sekunden- bis minutenlang verharren. Der Blick wird dabei nicht von der Beute abgewendet. Manchmal geht das Fixieren auch direkt in ein Anschleichen über.

03

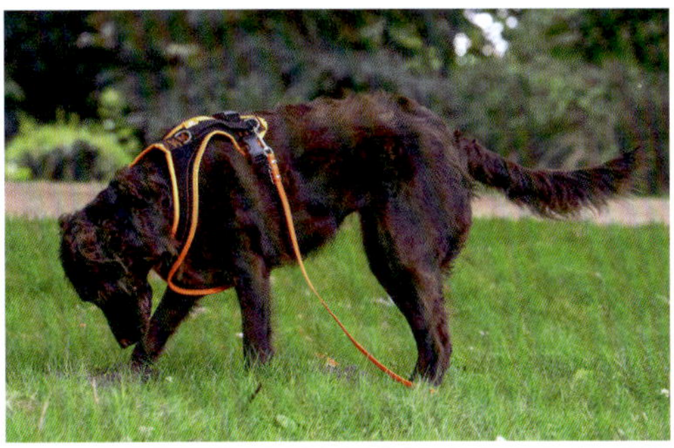

04

05

05 Beute schütteln

Schüttelt ein Hund nach der Jagd ein Beutetier, bricht dessen Halswirbelsäule, das Tier stirbt sofort. Schüttelt ein Hund ein Spielzeug, nachdem er es erbeutet hat, zeigt er damit, dass die Jagd danach für ihn eine echte Alternative ist. Lass deinem Hund also diese Freude, wenn er dieses Verhalten zeigt, nachdem er ein Spielzeug aufgenommen hat. Das Ausleben dieser Jagdsequenz ist für ihn wichtig. Bestehe dann nicht darauf, dass er möglichst schnell zu dir zurückkommt, um dir das Spielzeug zu bringen. Viel wichtiger als ein schneller Apport ist in dem Fall, dass er die Jagdsequenz möglichst natürlich und mit allen für ihn dazugehörenden Elementen ausleben kann. Lässt er nach dem Schütteln das Spielzeug fallen, kannst du ihn einfach noch einmal auffordern, es dir zu bringen. Alternativ, falls dein Hund das Apportieren noch nicht so gut beherrscht, dass er das Spielzeug aus dieser Situation heraus wieder aufnimmt und bringt, kannst du auch einfach zu ihm gehen und ihn an Ort und Stelle belohnen. Sammle dann das Spielzeug wieder ein und starte eine neue Übung.

Jagdsequenz

Was der Hund beim Jagen zeigt

Elemente des Jagens

Das Jagdverhalten des Hundes besteht aus vielen einzelnen Elementen, die in unterschiedlicher Ausprägung gezeigt werden können. Um die Bedürfnisse deines Hundes in Bezug auf das Jagen verstehen und um sein Jagdverhalten kontrollieren zu können, ist es wichtig, dass du diese Verhaltensweisen erkennst.

Die vollständige Jagdsequenz besteht bei Kaniden aus acht einzelnen Verhaltenselementen. Auch wenn nicht mehr alle Hunde die Elemente des Jagdverhaltens in dieser Abfolge und Ausprägung zeigen, besitzen sie dennoch die genetische Veranlagung dazu. Zu einer Veränderung der Ausprägung der einzelnen Elemente kam es durch gezielte Verpaarungen bei der Domestikation des Hundes durch den Menschen. Zeigten zwei Hunde ein bestimmtes erwünschtes Verhalten, das der Mensch sich zunutze machen wollte, in stärkerer Ausprägung, wurden diese beiden miteinander verpaart, um dieses Merkmal bei den Nachkommen herauszuzüchten.
Das Jagdverhalten von Hunden besteht aus den folgenden acht Elementen:

Orten Die Beute wird wahrgenommen.
Fixieren Das Beutetier wird nicht aus den Augen gelassen, jede Bewegung wird verfolgt.
Anschleichen Es erfolgt eine vorsichtige Annäherung an die Beute, dabei wird diese weiterhin im Auge behalten.
Hetzen Die Beute wird verfolgt, bis sie ergriffen werden kann oder aufgrund von Erschöpfung zusammenbricht.
Packen Die Beute wird ergriffen.
Töten Durch gezieltes Beißen wird die Beute so schnell wie möglich getötet.
Zerreißen Große Beutetiere müssen in verzehrbare Stücke zerteilt werden.
Fressen Die Beute dient als Nahrung und wird gefressen.

Der Golden Retriever wurde für die Jagd auf Enten eingesetzt, er liebt das Apportieren aus dem Wasser.

Der Beagle gehört zu den Spurjägern. Spuren zu verfolgen, ist eine seiner größten Leidenschaften.

Orten

Das Orten ist gekennzeichnet durch ein Suchverhalten, das sich jedoch bei den jeweiligen Rassen in unterschiedlicher Ausprägung zeigen kann. So gibt es Hunde, wie z. B. die Schweißhunde, die eher mit der Nase nach Spuren von Beuteobjekten suchen, sogenannte **Spurjäger.** Der Hund hält hierbei die Nase tief am Boden und läuft mit aufgeregt vibrierender Rute, ohne den Kopf anzuheben.

Andere Hunde, wie z. B. die Windhunde, setzen zum Suchen eher die Augen ein, d. h., es erfolgt ein Scannen der Umgebung durch gezieltes Umschauen, sie sind sogenannte **Sichtjäger.** Ziel des Ortens ist bei beiden Varianten, ein Beuteobjekt auszumachen. Auch auditive Signale spielen eine Rolle, so reagiert der Hund z. B. auf ein Rascheln im Gebüsch, was auf ein dort verstecktes Tier hinweisen kann. Lediglich die taktile sowie die geschmackliche Wahrnehmung spielen in Bezug auf das Jagdverhalten keine Rolle.

Windhunde, wie Galgo Facundo, gehören zu den Sichtjägern, sie registrieren jede kleinste Bewegung.

Fixieren

Hat sich der Hund dem Beuteobjekt so weit genähert, dass er es sehen kann, erfolgt das Fixieren der Beute. Er verharrt in einer Position, z. B. stehend oder liegend, und wendet den Blick nicht mehr vom Beuteobjekt ab. Es kann dabei eine langsame Fortbewegung in Richtung der Beute folgen. Der Hund versucht hierbei, so nahe wie möglich an die Beute heranzukommen. In dieser Phase ist der Hund natürlich immer darauf bedacht, von der Beute nicht entdeckt zu werden. Beim Fixieren kann auch ein Vorder- bzw. Hinterlauf des Hundes angehoben werden, diese Handlung bezeichnet man als **Vorstehen.** Das Vorstehen ist genetisch bedingt, nicht alle Hunde zeigen diese Variante des Fixierens. Insbesondere Vorstehhunde, bei denen diese Ausprägung des Fixierens eines der Zuchtziele war, heben die Pfote beim Vorstehen sehr hoch und winkeln sie stark an. Sie können so eine sehr lange Zeit auf drei Beinen stehen bleiben und die Beute fixieren. Der Hund bewegt sich dabei manchmal auch wie in Zeitlupe vorwärts, sodass die Bewegung der Beine kaum wahrzunehmen ist. So kann es sein, dass der Hund zunächst mit angehobenem Vorderbein und wenig später mit dem angehobenen Hinterbein vorsteht.

Anschleichen

Im Zusammenhang mit dem Fixieren erfolgt das Anschleichen des Hundes an die Beute. Hierbei kann man verschiedene Varianten beobachten. So gibt es Hunde, die sich während des Fixierens in konstanter Geschwindigkeit an das Beuteobjekt annähern. Ihre Körperhaltung ist dabei leicht geduckt, der gesamte Körper ist stark angespannt. Andere Hunde verharren zwischendurch immer wieder, entweder im Stehen oder Liegen, bevor sie die Annäherung weiter fortsetzen.

Das Anpirschen erfolgt in der Regel so lange, bis der Hund eine Distanz unterschreitet, die für ihn nahe genug zum Angriff ist, oder bis die Beute den Hund bemerkt und flüchtet. Bei vielen Kaniden ist das Fluchtverhalten der Beute Voraussetzung für das Ablaufen des nächsten Verhaltenselements, des Hetzens.

Training sinnvoll gestalten

Viele Menschen gehen automatisch immer mehr auf ihren Hund zu, wenn sie diesen animieren wollen, hinter einer Beute herzulaufen, der Hund aber kein Interesse an dem Objekt zeigt. Für den Hund ist dieses Verhalten aber unlogisch, eine Beute würde sich niemals auf ihn zubewegen, sondern immer von ihm weg. Kein Hase läuft freiwillig in das Maul des Hundes! Daher muss beim Training das Beuteobjekt auch immer vom Hund wegbewegt werden. Nur so baut sich beim Hund Spannung auf, worauf das Verhaltenselement des Verfolgens von Beute ausgelöst wird.

Magyar Vizslas gehören zu den Vorstehhunden. Klopfer fixiert die Beute, während er wartet.

Langsam schleicht Klopfer auf die Beute zu, nachdem er das Signal für die Annäherung erhalten hat.

Wer wegrennt, wird zum Opfer!

Unsichere Hunde werden oft zum Opfer anderer Hunde, sie werden ständig gejagt und verfolgt. Schlüsselreiz ist hierbei oft das Wegrennen des Hundes, welches das Jagdverhalten des anderen Hundes auslöst. Halter unsicherer Hunde sollten daher ihre Hunde beim Kontakt mit Artgenossen zunächst einmal an die Leine nehmen. So verhindern sie, dass ihr Hund sich in die Büsche schlägt und damit das Interesse der anderen Hunde an einem „Jagdspiel" überhaupt erst geweckt wird. Sollte der unsichere Vierbeiner sich bei der Anwesenheit des anderen Hundes entspannt verhalten und auch der andere Hund keinerlei Anzeichen von jagdlich motiviertem Verhalten zeigen, kann man beide Hunde miteinander laufen lassen, nachdem die Menschen sich abgesprochen haben.

Hetzen

Das Hetzen des Beuteobjekts erfolgt im Anschluss an das Anschleichen. Der Hund verfolgt in schneller Gangart im gestreckten Jagdgalopp die Beute. Wird die Distanz zu groß, stellt er die Verfolgung ein. Kommt der Hund an das Beuteobjekt heran, erfolgt das nächste Verhaltenselement, das Packen der Beute.

Der Jagdgalopp

Bei dieser Bewegungsform (siehe Fotos S. 14/15) werden die Vorderbeine weit nach vorn gesetzt, die Wirbelsäule wird aktiv gestreckt und fördert den großen Schub aus der Hinterhand. Die Rute wird in Verlängerung des Rückens ebenfalls oft waagerecht gestreckt gehalten, genauso wie der Kopf, der weit nach vorn gerichtet wird. Die

Schrittlänge ist dadurch enorm, der Hund hat einen sehr großen Raumgriff. Danach greifen die Hinterbeine weit unter den Körper des Hundes, der Rücken wölbt sich weit auf. Der ganze Hund sieht aus wie eine gespannte Sprungfeder, bereit, im nächsten Augenblick wieder kraftvoll auseinanderzuspringen.

Spur- und Sichtlaut

Beim Hetzen haben einige Hunde die Eigenschaft entwickelt, Laute von sich zu geben. So gibt es den Spurlaut, d. h., der Hund gibt Laute von sich, wenn er eine Spur des Beuteobjekts aufgenommen hat. Andere Hunde zeigen Sichtlaut, d. h., sie geben Laute von sich, wenn sie Sichtkontakt zum Beuteobjekt haben.

Das Lautgeben eines Hundes bei der Jagd bedeutet entweder hohe jagdliche Erregung und wird dann durch ein lautes, hochfrequentes Bellen deutlich, bei dem die einzelnen Belllaute ineinander übergehen. Es kann aber auch jagdliche Frustration verdeutlichen, hierbei gibt der Hund eine Folge von einzelnen Belllauten von sich. Diese Frustration entsteht aus der Lernerfahrung vorheriger Jagden: Der Hund weiß, dass er die Beute sowieso nicht bekommt. Eine Mischung beider Ursachen und damit verbunden ein Wechsel beider Laute ist ebenso möglich.

Die Veranlagung zum Lautgeben beim Hetzen ist vererbbar und wurde bei einigen Jagdhunden, wie z. B. dem Dackel, der Bracke oder dem Beagle, bewusst in der Zuchtauswahl berücksichtigt. Eine entscheidende Rolle bei der Vererbbarkeit spielt hierbei auch die Stärke der jagdlichen Motivation. Ist die Veranlagung zum Lautgeben vorhanden, gilt in der Regel: **Je stärker die jagdliche Motivation ausgeprägt ist, desto eher gibt der Hund beim Jagen Laute von sich.** Auf den ersten Blick erscheint das Lautgeben bei der Jagd eher unsinnig, denn das Wild ist sich seines Verfolgers so immer bewusst und kann die Flucht darauf abstimmen, also z. B. einen Haken schlagen oder sich verstecken, wenn der Hund weit abgeschlagen zurückbleibt. Doch die geräuschvolle Hetze verstärkt beim flüchtenden Tier auch die Panik, sodass es eventuell kopfloser flüchtet und damit für den Hund gegebenenfalls leichter einzuholen ist. Da aber nicht alle Hunde mit Laut hetzen, scheint es keinen eindeutigen generellen Vorteil bei der Jagd zu bedeuten, denn sonst hätte sich dieses Verhalten im Laufe der Domestikation vermutlich bei allen Hunden durchgesetzt. Hierbei zeigt sich dann, dass bestimmte Eigenschaften durch Zucht gezielt gefördert wurden, da sie dem Menschen nutzen. Denn das Lautgeben ist für den Jäger von Vorteil, da er so seinen Hund auch auf Entfernung orten und zu ihm und dem Beutestück nachkommen kann.

Bracken gehören zu den Laufhunden, weite Strecken und lange Distanzen sind für sie kein Problem.

Links: Der selbstbewusste und eigenständige Rauhaardackel wurde für die Baujagd, z. B. auf den Fuchs, eingesetzt.

Mäuselsprung

Bei kleinen Beutetieren, wie z. B. Mäusen, kann das Element des Hetzens durch den sogenannten Mäuselsprung ersetzt werden. Hierbei führt der Hund einen hohen Sprung in Richtung Beuteobjekt aus und springt mit großer Wucht mit den Vorderpfoten auf die Beute. Da die Maus unterirdisch flüchtet, macht Hetzen keinen Sinn. Der Hund kann über dem Mauseloch auf die Maus warten, sodass er sie mit dem Mäuselsprung direkt packen und töten kann. Er muss sich nicht erst verstecken und langsam an die Beute anschleichen.

Die meisten Hunde fressen Fleisch gern, müssen jedoch erst lernen, größere Stücke zu zerteilen.

Packen

Das Packen der Beute erfolgt je nach Größe des Beutetiers in unterschiedlichen Varianten. Kleine Beutetiere, wie z. B. Mäuse, werden beim Mäuselsprung mit einem kräftigen Schlag der Vorderpfoten gepackt, bevor sie dann im Ganzen verschluckt werden. Mittlere Beutetiere, wie z. B. Kaninchen, werden im Nacken gepackt, große Beutetiere, wie z. B. Rehe, werden in den Hals- und Nackenbereich oder in die Beine gebissen und umgerissen.

Töten

Zum Töten des Beutetiers wenden Hunde unterschiedliche Formen an, wiederum je nach Größe der Beute. Kleine Beutetiere, wie z. B. Mäuse, werden oft direkt durch den Mäuselsprung mit den Pfoten getötet. Hat der Schlag mit den Pfoten das Tier nicht getötet, kann der Hund auch durch einen Biss den Tod des Tiers herbeiführen. Mittlere Beutetiere, wie z. B. Kaninchen, werden durch Schütteln und daraus folgendes Brechen der Wirbelsäule getötet. Große Beutetiere, wie z. B. Rehe, werden durch Zufügen von Risswunden im Hals- und Nackenbereich des Tiers getötet.

Zerreißen

Das Gebiss des Hundes ist für das Zerreißen von Beutetieren optimal ausgelegt. So hat der Hund kräftige Backenzähne, sogenannte Reißzähne, die problemlos ganze Knochen zerteilen können. Das Gebiss entspricht damit einem typischen Fleischfressergebiss. Auch bei diesem Verhaltenselement spielt natürlich die Größe des Beutetiers wieder eine Rolle. Eine Maus wird vom Hund nicht zerrissen, sondern direkt im Ganzen hinuntergeschluckt.

Möhren sind zwar ein toller Knabberspaß, können roh vom Hund aber nicht verwertet werden.

GEBISS DES HUNDES

Ein erwachsener Hund hat 42 Zähne, in jeder Hälfte rechts und links befinden sich:

oben: 3 Schneidezähne (*Incisivi*), 1 Fangzahn (*Caninus*), 4 vordere Backenzähne (*Prämolare*), 2 hintere Backenzähne (*Molare*)

unten: 3 Schneidezähne (*Incisivi*), 1 Fangzahn (*Caninus*), 4 vordere Backenzähne (*Prämolare*), 3 hintere Backenzähne (*Molare*)

Schema:
I1 / I2 / I3/ C / P1 / P2 / P3 / **P4** / M1 / M2
I1 / I2 / I3/ C / P1 / P2 / P3 / P4 / **M1** / M2 / M3

Das Welpengebiss enthält dagegen nur 28 Zähne, die ersten Prämolaren (P1) sowie die hinteren Backenzähne (M1 – M3) sind nicht als Milchzahn angelegt. Der Zahnwechsel beginnt etwa mit dem Ende des vierten Monats, der Welpe verliert die Schneidezähne. Abgeschlossen ist der Zahnwechsel in der Regel mit Ende des fünften bis sechsten Monats.

Fang- und Reißzähne

Viele Menschen bezeichnen die Eckzähne des Hundes als Reißzahn, in der Vermutung, diese dienen dazu, die Beutetiere zu zerreißen. Der Eckzahn wird in der wissenschaftlichen Bezeichnung jedoch Fangzahn oder auch *Caninus* genannt. Diese Zähne dienen vorwiegend dazu, die Beutetiere nach dem Packen mit festem Griff zu halten. Sie verhindern, dass die Beute wieder aus dem Maul rutscht und entkommt. Allerdings können sie aufgrund ihrer langen und spitzen Form der Beute dabei durchaus gravierende Verletzungen zufügen, die dann letztlich auch zum Tod des Tiers führen können.
Als Reißzahn dagegen wird jeweils einer der Backenzähne des Hundes bezeichnet. Der Hund hat in jeder Hälfte seines Gebisses vier vordere Backenzähne, die sogenannten Prämolaren, gefolgt von den hinteren Backenzähnen, den sogenannten Molaren. Hiervon sind im Oberkiefer zwei und im Unterkiefer drei vorhanden. Der Reißzahn ist dabei am stärksten ausgeprägt, im Oberkiefer ist es der letzte Prämolar, der sogenannte „P4“, im Unterkiefer ist es der erste Molar, der sogenannte „M1“. Diese beiden Zähne sitzen wie eine Schere übereinander und greifen mit ihren scharfen Kanten ineinander. Damit sind sie hervorragend geeignet, Fleisch regelrecht zu zerschneiden.

Martin versteht Hunde und kennt ihre Bedürfnisse. Er setzt sich dafür ein, dass Menschen die Sprache der Hunde erlernen.

Fressen

Da Hunde fressen müssen, um zu überleben, ist das Verschlingen der Beute ein natürliches Verhaltenselement des Hundes, ohne das er nicht existieren würde.

Auch wenn das Gebiss des Hundes darauf ausgelegt ist, Fleisch zu zerteilen, gehört Fleisch nicht als Einziges auf den Speiseplan des Hundes. Wölfe fressen zusätzlich zum Fleisch der Beutetiere Beeren, aber auch Gräser und Kräuter werden gefressen, wenn der Mageninhalt der Beutetiere aufgenommen wird. Durch die Vorverdauung im Magen der Beute sind die pflanzlichen Bestandteile für den Wolf verwertbar. Daher sollte der Ernährungsplan des Hundes neben unterschiedlichen Fleischsorten immer auch Gemüse und Obst beinhalten. Da Hunde die pflanzlichen Zellen bei der Verdauung jedoch nicht aufbrechen können, muss pflanzliche Nahrung vor der Fütterung entweder stark zerkleinert (püriert) oder erhitzt werden (z. B. Dampfgaren), damit der Hund die Nährstoffe daraus verwerten kann.

Hunde sind Allesfresser

Im Laufe der Domestikation hat sich zudem beim Hund die Verwertung von Nahrung verändert. Der Wolf besitzt vom Enzym Amylase, welches für die Aufspaltung von Stärke im Verdauungstrakt notwendig ist, lediglich 2 Kopien. Er kann stärkehaltige Nahrung, wie z. B. Getreide, Kartoffeln oder Reis, nicht verwerten. Der Hund besitzt jedoch ca. 30 Kopien dieses Enzyms, die Anzahl variiert leicht je nach Rasse. Man kann sagen, dass ein Hund durchschnittlich fünfmal besser Stärke verdauen kann als ein Wolf.

Auch wenn Hunde also zur Säugetierordnung der „*Carnivoren*“ gehören, sind sie keine reinen *Karnivoren*, also Fleischfresser. Der Begriff *Carnivor* leitet sich von den lateinischen Begriffen „*Carnis*“ (Fleisch) und „*vorare*“ (verschlingen) ab und bedeutet nichts anderes, als dass Hunde Fleisch, das sie fressen, nicht zerkauen, sondern nur in so große Stücke zerteilen, die sie dann herunterschlucken können. Das Fleisch wird also nicht durch sogenannte Mahlzähne, wie sie Pflanzenfresser als Backenzähne besitzen, zu einem Fleischbrei zermahlen. Man darf daher die Begriffe *Carnivor* und *Karnivor* nicht verwechseln. So gibt es z. B. auch viele *Karnivoren*, also reine Fleischfresser, die anderen Ordnungen als den *Carnivoren* angehören, wie z. B. Haie, Greifvögel, Spinnenarten und fleischfressende Pflanzen. Der Hund ist dagegen, genauso wie z. B. der Bär, der ebenfalls zur Ordnung der Säugetiere gehört, als Allesfresser einzustufen.

Terrier-Mix Nino reibt die Schulter über den Boden.

Exkurs: Wälzen

Immer noch hält sich hartnäckig das Gerücht, dass Hunde sich wälzen, um sich für die Jagd zu tarnen. Doch auch wenn viele Hunde scheinbar nicht genug davon bekommen, sich in für sie gut riechenden Düften, wie z. B. Kot, Regenwürmern oder Aas, zu wälzen, brauchst du dir in Bezug auf das Jagdverhalten deines Hundes hierüber keine Gedanken zu machen. Wenn sich dein Hund in für ihn spannenden Düften wälzt, dann einfach nur, weil er gut riechen, sich einparfümieren möchte. Wälzen ist kein Anzeichen dafür, dass dein Hund gleich zu einer Jagd aufbrechen will. Beobachtet man Hunde beim Wälzen, stellt man fest, dass die bevorzugten Stellen, die einparfümiert werden, Hals und seitlicher Schulterbereich sind. Diese Stellen sind bei Hunden erogene Zonen, das Wälzen gehört also eher in den Bereich Sozialverhalten/sexuelle Motivation. Es macht ja auch keinen Sinn, dass sich der Hund vor einer Jagd mit einem stark riechenden Geruch einreibt, denn dann würde er sich kaum unauffällig an Wild anschleichen können. Beobachtet man Hunde kurz vor einer Jagdsequenz, kann man das Wälzen hierbei tatsächlich auch nicht beobachten.

Dann wälzt er sich auf dem Rücken, ...

... um sich danach ausgiebig zu schütteln.

Ausprägung

Wie sich Hundetypen unterscheiden

Veränderung durch gezielte Zucht

Um die einzelnen Rassen in Bezug auf ihre spezifischen Verhaltensweisen und die hierfür zugrunde liegenden Motivationen bzw. Bedürfnisse verstehen zu können, muss man sich das durch die Zucht beeinflusste Jagdverhalten anschauen.

Wie bereits deutlich wurde, gibt es zum Teil große Unterschiede in der Ausprägung der Verhaltensweisen in Abhängigkeit zur Rasse eines Hundes. Je nachdem, welches Verhalten bei einer Rasse gewünscht war, wurde das dafür zugrunde liegende Element bei der Zucht verstärkt, indem Zuchtpartner ausgewählt wurden, die eine ausgeprägte Veranlagung in dem jeweils gewünschten Bereich zeigten. Im Gegenzug dazu wurden aber auch unerwünschte Verhaltensweisen im Rasseverhalten zum Teil fast weitgehend eliminiert, indem Zuchtpartner ausgewählt wurden, welche die dafür zugrunde liegenden Elemente nur vermindert und in stark abgeschwächter Form zeigten. So können bei den jeweiligen Rassen einzelne Elemente des Jagdverhaltens entweder fast komplett entfallen bzw. nur noch in abgeschwächter Form vorhanden sein oder aber stärker ausgeprägt, also hypertrophiert, vorhanden sein. Zum Teil wurde durch die Zuchtauswahl die Verhaltenskette auch unterbrochen, es wurden Verbindungen gekappt, damit die Kette nicht bis zum Ende, also dem Töten, Zerreißen und Fressen der Beute, gezeigt wird.

Mischling oder Rassehund, jeder Hund zeigt das ihm angeborene Jagdverhalten.

Nordische Hunde

Nordische Hunde zeigen als eher selbstständige Hunde, die im Vergleich zu anderen Rassen in ihrer Verhaltenskonfiguration voll erwachsen werden, noch die ursprüngliche Variante des Jagdverhaltens. Da die meisten nordischen Rassen nicht für eine bestimmte jagdliche Nutzung gezüchtet wurden, finden sich bei ihnen alle Elemente des Jagdverhaltens in der ursprünglichen Ausprägung und in der aufeinanderfolgenden Sequenz. Daher lassen sich solche Hunde auch selten auf spielerische Formen des Jagdverhaltens ein, bei ihnen muss es ähnlich wie bei Wildhunden und bei Wölfen ein sinnvolles Ziel geben. Warum soll man hinter einem Ball herlaufen, wenn man diesen nicht fressen kann! Kaum taucht das Kaninchen auf, werden sie jedoch sofort hellwach.
Die Verhaltenskette des Jagdverhaltens von nordischen Hunden sieht wie folgt aus:
Orten > Fixieren > Anpirschen > Hetzen > Packen > Töten > Zerreißen > Fressen

Der Shiba stammt von Hunden aus den Bergregionen Japans ab, die zur Kleinwildjagd verwendet wurden.

Haltung und Training

Die Haltung dieser Hunde bereitet genau aus diesem Grund vielen Menschen große Probleme. Der nordische Hund, wie z. B. der Husky, der Alaskan Malamut oder der Shiba Inu sind extrem robuste, laufstarke Hunde. Sie brauchen die körperliche Auslastung, die man ihnen durch einen einstündigen Spaziergang an der Leine nicht bieten kann. Ein Freilauf ist oft nicht möglich, denn schon hat der Husky eine Spur aufgenommen, die er nun leidenschaftlich und ausdauernd verfolgt. Dabei macht es ihm nichts aus, sich kilometerweit von seinem Menschen zu entfernen und auch mehrere Stunden unterwegs zu sein.
Alternative Beschäftigungsformen interessieren die meisten nordischen Hunde nicht wirklich. Kann man die körperliche Auslastung noch relativ gut durch Joggen, Radfahren oder Zughundesport ermöglichen, sieht es bei der geistigen Auslastung, der Befriedigung der jagdlichen Leidenschaft, schon anders aus. Einen Ball apportieren? Eine Spur aus Leberwurst verfolgen? Den Sinn darin sehen viele nordische Hunde nicht wirklich. Daher solltest du bei diesen Hunden von Welpe an Wert darauf legen, die spielerischen Trainingsformen wie Apportieren, Hetz- oder Suchspiele einzuführen.
Dennoch kann es im erwachsenen Alter dazu kommen, dass dein nordischer Hund sich mit solch kindischen Spielereien nicht mehr abgeben will. In diesem Fall hilft es manchmal, die Beute wichtig zu machen, indem sie eine existenzielle Bedeutung für den Hund erhält (siehe S. 151 f.). Dies ist z. B. durch ein Training mit dem Futterbeutel möglich. Im Handel findest du Futterbeutel in unterschiedlichen Größen, Farben und Materialien, sodass du den für dich und deinen Hund passenden auswählen kannst. Dein Hund erhält für das Auffinden und Bringen des Futterbeutels einen Teil seines Futters.

Choshi liebt das Apportiertraining mit dem Futterbeutel, denn für das Bringen bekommt er eine Leckerei.

Aufbau der Übung

Zu Beginn musst du deinem Hund beibringen, den Beutel ins Maul zu nehmen und zu tragen. Befülle den Futterbeutel vor seinen Augen mit Futter, das er sehr gern mag. Lass ihn dabei ruhig einmal einen Happen direkt aus dem Futterbeutel fressen. Führe einfache Übungen durch, die dein Hund gut beherrscht, wie z. B. den Rückruf in der Wohnung oder im Garten. Zur Belohnung darf sich dein Hund nun jedes Mal ein paar Futterbrocken aus dem Futterbeutel nehmen. Wiederhole dieses Training einige Tage lang. Den Futterbeutel kannst du nach dem Training z. B. auf einen Schrank legen. Hole ihn zwischendurch einmal herunter, betrachte ihn gespannt und fasziniert, und lege ihn dann wieder weg. Kommt dein Hund nach einigen Tagen freudig angelaufen, wenn du den Futterbeutel in die Hand nimmst, ist es Zeit für die erste Apportierübung. Gehe in den Garten oder an einen ruhigen Ort ohne Ablenkungen und wirf den Futterbeutel ein paar Meter weit von dir weg, während dein Hund gespannt zuschaut. Sichere ihn durch die am Geschirr befestigte Schleppleine, damit er nicht mit dem Futterbeutel abhauen kann. Läuft dein Hund nun interessiert zum Futterbeutel, verstärkst du diese Aktion durch lobende und anfeuernde Worte. Jede Aktion mit dem Futterbeutel verstärkst du dann, indem du zu deinem Hund gehst, den Beutel öffnest und ihn belohnst. Anfangs schon für das Schnuppern am Beutel, dann für das Aufheben und schließlich für das Tragen, erst nur ein paar Schritte, bis dir später dein Hund irgendwann den Futterbeutel bringt.

Haus-, Hof-, Wach- und Schutzhunde

Früher war der Einzelhof die charakteristische Siedlungsform auf dem Land. Zum Hof gehörten das Wohnhaus, Stallungen, Vorratskammern und Speicher. Der Hofhund musste diese Hofeinheit bewachen, besonders in der Nacht. Dazu wurde er nicht an die Kette gelegt, sondern lief frei auf dem ganzen Grundstück herum, denn auch die Verteidigung des Hofes fiel in seinen Aufgabenbereich. Bei der Zuchtauswahl dieser Hunde legte man neben einem ausgeprägten Territorialverhalten Wert darauf, dass möglichst wenig jagdliche Motivation vorhanden war. Denn der Hofhund sollte sich weder vom Hof entfernen, um Wild hinterherzuhetzen oder Spuren zu verfolgen, noch sollte er die Tiere des Hofes, wie z. B. Katzen, Hühner oder Schafe, jagen. Die Verhaltenskette des Jagdverhaltens von Haus-, Hof-, Wach- und Schutzhunden sieht wie folgt aus:

Orten > Fixieren > Anpirschen > Hetzen > Packen/Töten > Zerreißen > Fressen

Die unterstrichenen Elemente stehen für vermindert vorhandene Verhaltenselemente. Der Haus-, Hof- und Wachhund zeigt damit ähnlich wie der Herdenschutzhund (siehe S. 67 ff.) die meisten Verhaltenselemente in verminderter Form.

Haltung und Training

Schon aufgrund ihrer Größe sind diese Hunde nicht unbedingt für aktive Sportarten, wie z. B. Agility, geeignet. Auch an Spielereien wie einem Tricktraining oder einem differenzierten Apportiertraining sind sie oft nur kurzfristig interessiert. Alternativ sind alle Formen der Nasenarbeit wie Fährte oder Mantrailing gut möglich. Da sie letztlich wenig Bedürfnis in Bezug auf jagdliche Beschäftigung haben, reicht es in aller Regel aus, ab und an mit ihnen die ein oder andere Suche durchzuführen. Auf Spaziergängen und Wanderungen sind sie angenehme Begleiter, da sie sich meist nicht weit von ihren Menschen entfernen.

Lediglich das Territorialverhalten kann zum Problem werden, insbesondere dann, wenn man sich zur Rast niederlässt. Schnell wird der Rastplatz zum erklärten Territorium des Hundes, das es zu verteidigen gilt, sobald sich Fremde nähern.

Links: Beim Swissydog gehören Vater und Mutter einer der vier Sennenhunderassen (Berner, Appenzeller, Entlebucher, Großer Schweizer) an.

Bordeauxdoggen sind aktive Hunde, die körperliche Spiele lieben. Caramello zergelt begeistert mit Yvonne.

Doggenartige Hunde

Die meisten dieser Hunde wurden ursprünglich für den Kampf, z. B. gegen andere Hunde, Bären oder Stiere, gezüchtet. Hierzu bedurfte es starker Beißkraft und großer Schnelligkeit. In Kampfarenen fanden regelrechte Selektionskämpfe statt, der Kampf endete mit dem Tod, nur der Sieger gab seine Gene weiter! Ein kräftiger Körperbau geht mit dieser Nutzung immer einher! Einige Hunde wurden aber ursprünglich auch primär als „erbarmungslose" Jäger auf Wildschweine oder Bären genutzt, die der Hund nicht nur jagen, sondern auch töten sollte. Die Verhaltenskette des Jagdverhaltens von doggenartigen Hunden sieht wie folgt aus:
Orten > Fixieren > Anpirschen > Hetzen > Packen > Töten > Zerreißen > Fressen
Doggenartige Hunde zeigen damit ähnlich wie der nordische Hund (siehe S. 25 f.) die Verhaltenselemente in normal ausgeprägter Form.

Haltung und Training

Einige Hunde dieser Rassen zeigen durchaus stark ausgeprägtes Jagdverhalten. Aufgrund ihrer Kraft und Ausdauer sowie der großen Selbstständigkeit entfernen sie sich bei der Hetze dann schnell über weite Strecken, um z. B. Reh oder Hirsch zu verfolgen. Können sie das Tier einholen und packen, wird es nicht selten sofort getötet. Da sich doggenartige Hunde jedoch – im Gegensatz zu den nordischen Hunden – meistens für alle Beschäftigungsformen, egal ob Fährte, Nasenarbeit, Apportieren oder Zughundesport, begeistern lassen, kannst du mit deinem Hund je nach dessen individueller Motivation ein alternatives Training aufbauen. Wichtig ist aber vor allem, dass dein Hund lernt, sich auf dem Spaziergang an dir zu orientieren und nicht zu weit zu entfernen sowie auf dein Signal sofort zu stoppen oder zu dir zurückzukommen.

Der Weimaraner sieht sehr edel aus, doch als Vorstehhund braucht er viel geistige und körperliche Beschäftigung.

Jagdhunde

Die Gruppe der Jagdhunde umfasst eine sehr große Gruppe von verschiedenen Rassen. Hierzu muss man zunächst einmal unterscheiden, welche Arten von Jagdhunden es überhaupt gibt. Generell kann man Jagdhunde in drei Gruppen unterteilen, bezogen auf ihre hauptsächliche Art, jagen zu gehen.

Gemeinschaftsjäger

Zur Gruppe der Gemeinschaftsjäger gehören alle Rassen, die für die Zusammenarbeit mit dem Menschen gezüchtet wurden. Diese Hunde achten sehr auf ihren Menschen und reagieren auch bei der Jagd zum Teil bereits auf dessen kleinstes Signal. Hierzu gehören z. B. sämtliche Vorstehhunde, aber auch die Apportier- sowie die Stöberhunde. Die meisten Rassen dieser Gruppe gehören eher zur Gruppe der Sichtjäger, dennoch setzen auch diese Hunde bei der Jagd ihre Nase ein.

Solitärjäger

Sie sind im Gegensatz zu den Gemeinschaftsjägern eher selbstständig und werden ohne starke Zusammenarbeit mit dem Menschen bei der Jagd eingesetzt. Hierzu gehören die Teckel bzw. Dackel und die Terrier. Der Dackel wird vom Jäger am Fuchsbau angesetzt, nun muss er selbst sehen, wie er klarkommt. Er muss entscheiden, welche Wege er im Fuchsbau geht und wie er beim Zusammentreffen mit dem Fuchs reagiert. Terrier sind Spezialisten bei der Jagd nach Ratten und daher häufig in Pferdeställen anzutreffen. Hier laufen sie eigenständig auf dem Hof herum und stöbern Mäuse und Ratten auf, wann immer es ihnen beliebt.

Meutejäger

Sie jagen, wie es der Name schon sagt, in einer Meute. Es geht hierbei also nicht um die spezielle Zusammenarbeit zwischen zwei Lebewesen wie beim Gemeinschaftsjäger, sondern um das gemeinschaftliche Jagen in einer Gruppe generell. Die einzelnen Gruppenmitglieder sind daher durchaus auch austauschbar. Zu diesen Rassen gehört der Beagle. Die meisten Rassen in dieser Gruppe sind Spurjäger.
In einer großen Gruppe ist es kaum möglich, zunächst die Umgebung zu scannen und sich dann leise und vorsichtig an die Beute anzuschleichen. Sobald ein Mitglied der Meute eine Spur aufgenommen hat, wird diese daher in der Regel lautstark gemeinsam verfolgt und die Beute oft bis zur Erschöpfung getrieben.

Spezialisierung

Doch wie soll man nun das Schema des Jagdverhaltens von Jagdhunden beschreiben? Es wird schnell klar, dass es sich bei so unterschiedlichen Rassen, wie z. B. dem Labrador Retriever und dem English Pointer, nicht gleichen kann.
Je nach Verwendung wurden ein oder mehrere Verhaltenselemente des Jagdverhaltens durch Zuchtauswahl verstärkt. Allen Rassen gemeinsam ist aber eine Trennung im Ablauf der Elemente nach dem Packen bzw. Töten der Beute. Der Jagdhund soll als Jagdhelfer dem Jäger die Beute bringen. Hierfür muss er sie wahrnehmen, verfolgen, packen und gegebenenfalls auch töten, wenn z. B. der Jäger das Beutetier nicht tödlich getroffen hat. Er darf sie keinesfalls beschädigen, zerreißen oder gar selbst fressen.
Da die Jagdbereiche aber im Laufe der Zeit immer differenzierter wurden, war eine Spezialisierung der Jagdhunde für die jeweils bevorzugte Jagdart nötig. So gibt es Hunde, die dafür gezüchtet wurden, Wild „nach dem Schuss“, also nach der erfolgreichen Jagd, zum Jäger zurückzubringen, wie z. B. die Retriever. Dann gibt es Hunde, die für die Arbeit „vor dem Schuss“, also zum Anzeigen des Wildes, gezüchtet wurden, wie die Pointer. Diese Spezialisierung der Jagdhunde wurde durch eine feine Abstufung der Kombination der Verhaltenselemente bei den einzelnen Jagdhunderassen erreicht.

Als Solitärjäger geht der Dackel gern seine eigenen Wege, die Nase ist dabei immer im Einsatz.

Schema für Apportierhunde

Der Ablauf der Verhaltenselemente soll hier am Beispiel von Apportierhunden, wie z. B. dem Labrador Retriever, verdeutlicht werden. Bei den Apportierhunden wurde großer Wert auf ein Markieren der Fallstelle des geschossenen Wildes sowie anschließendes Aufnehmen und Zurückbringen gelegt. Daher sind bei diesen Rassen die Verhaltenselemente Orten und Packen verstärkt, die Elemente Fixieren, Anpirschen und Hetzen – wenn überhaupt – nur in stark abgeschwächter Form vorhanden. Das erscheint auch plausibel, wenn man die ursprüngliche Verwendung des Labradors berücksichtigt – die Jagd auf Enten. Denn ein in einem Versteck oder Boot wartender Hund braucht die ins Wasser gefallene Ente weder zu fixieren, noch muss er sich an die Ente anschleichen und sie ausdauernd verfolgen. Er muss sich aber genau merken, wo sie heruntergefallen ist, und sie in jedem Fall auch bringen, da der Jäger, insbesondere bei tiefen Gewässern, nicht selbst nach der Ente suchen bzw. diese holen kann. Das Töten der Beute soll bei diesen Hunden ebenfalls möglichst nicht bzw. nur stark vermindert vorhanden sein. Apportierhunde sollen daher möglichst nicht „wildscharf“ sein, wie die Bezeichnung unter Jägern für das Töten von Beutetieren bei Hunden genannt wird. Denn Enten haben kein robustes Fell. Schon bei leichtem Druck durch das Gebiss des Hundes wird das Federkleid und die Haut zerstört und die Ente damit ungenießbar für den menschlichen Verzehr. Der Retriever soll daher ein sogenanntes „weiches Maul“ haben, er soll die Beute vorsichtig tragen und ohne Verletzungen zum Jäger bringen. Noch lebende Enten werden nicht selten nicht weiter verletzt, sondern unversehrt dem Jäger übergeben, der diese dann fachmännisch so schnell wie möglich erlöst.

Labrador Retriever gibt es in unterschiedlichen Farben: Schwarz, Braun sowie helles und dunkles Gelb.

Die Verhaltenskette des Jagdverhaltens von Apportierhunden sieht wie folgt aus:
Orten > Fixieren > Anpirschen > Hetzen > **Packen**/Töten > Zerreißen > Fressen
Die fett gedruckten Elemente stehen für verstärkte Verhaltenselemente, die unterstrichenen für vermindert vorhandene Verhaltenselemente. Apportierhunde dürfen die Enten keinesfalls töten, zerreißen oder selbst fressen. Daher ist die Verhaltenskette zwischen den Elementen Packen und Töten getrennt. Natürlich existieren diese letzten drei Verhaltenselemente aber dennoch in normal ausgeprägter Form. Wer den Labrador Retriever und sein Fressverhalten kennt, weiß, dass dieser vor nichts haltmacht, was er als fressbar einstuft. So wird der als Mahlzeit angebotene Rinderpansen ruckzuck zerkleinert und gefressen. Wichtig ist also lediglich, dass diese Elemente nicht in Zusammenhang mit den ersten Elementen des Jagdverhaltens gezeigt werden.

Links: Als Apportierhund für die Entenjagd apportiert der Labrador Retriever auch heute noch leidenschaftlich gern.

Schema für Vorstehhunde

Vorstehhunde werden überwiegend bei der Arbeit vor dem Schuss, also beim Aufspüren von Wild verwendet. Der English Pointer gilt hierbei als absoluter Spezialist unter den Vorstehhunden. In weiten Bögen läuft er über die Felder, um Vögel, wie z. B. Rebhühner, aufzuspüren. Hat er Wild in der Nase, bleibt er ruckartig stehen und zeigt mit seinem Kopf und dem gesamten Körper in Richtung des gewitterten Vogels. Dabei hebt er in der Regel ein Vorderbein stark angewinkelt an und verharrt in dieser Position. In der Ausbildung zum Jagdhund lernt der Vorstehhund dann, so lange in dieser Position zu verharren, bis der Jäger auf Schussweite, also in der Regel auf 25 bis 30 Meter, herangekommen ist. Erst jetzt darf der Hund den Vogel aufscheuchen. Wenn das Wild sich in dieser Zeit weiterbewegt, darf der Vorstehhund „nachziehen", also weiter in einer sicheren Entfernung zum Vogel diesem hinterherschleichen, ohne dass der Vogel den Hund bemerkt und wegfliegt.

Bei den Vorstehhunden wurde somit großer Wert auf das Anzeigen und weitere umsichtige Verfolgen des Beutetiers gelegt. Daher sind bei ihnen die Elemente Fixieren und Anpirschen verstärkt. Das Hetzen der Beute ist, wenn überhaupt, nur in stark abgeschwächter Form vorhanden. Natürlich sind das Orten, also die Suche nach Beute, sowie das Bringen, also das Packen der Beute, ebenfalls erwünscht, der Vorstehhund soll in einer weiten Suche über das Feld die Vögel aufspüren und sie nach dem Schuss dem Jäger bringen. Die Elemente Orten und Packen sind daher in normaler Ausprägung vorhanden. Die Verhaltenskette des Jagdverhaltens von Vorstehhunden sieht wie folgt aus:
Orten > **Fixieren** > **Anpirschen** > Hetzen > Packen / Töten > Zerreißen > Fressen
Die fett gedruckten Elemente stehen für verstärkte Verhaltenselemente, die unterstrichenen für vermindert vorhandene Verhaltenselemente. Genauso wie beim Apportierhund sind die letzten drei Verhaltenselemente des Jagdverhaltens getrennt von den ersten Elementen.

Schema für weitere Jagdhunderassen

Um sich über das Schema des Jagdverhaltens einer Jagdhunderasse klar zu werden, muss man also zum einen in Erfahrung bringen, wofür die jeweilige Rasse ursprünglich verwendet wurde und welche Verhaltensweisen für diesen Einsatz notwendig waren. Natürlich gibt aber auch die einfache Beobachtung des Hundes Auskunft über das jeweilige spezifische Verhalten.
Denn auch dies sollte man bedenken: Nur weil der Apportierhund in der Regel kein ausgeprägtes Hetzverhalten zeigt, muss dies nicht bei jedem Individuum dieser Rasse auch tatsächlich so sein.

Vorstehhund: Großer Münsterländer

Haltung und Training

Der Vorteil bei der Haltung von Jagdhunden liegt darin, dass man diese relativ gut durch alternative Beschäftigungsformen auslasten kann, sodass diese ihre angeborenen Bedürfnisse auch ausreichend ausleben und befriedigen können. Der Sichtjäger darf Hetzspiele machen, der Apportierhund Beutespiele, bei denen er den Apportiergegenstand zum Menschen zurückbringt, und der Spurjäger darf Spuren verfolgen, die ihm der Mensch künstlich legt. Suche, Fährte, Apportiertraining, Reizangeltraining, die Varianten der Beschäftigung, die sich auf das Jagdverhalten von Hunden zurückführen lassen, sind vielfältig (siehe S. 120 ff.). Beobachte daher deinen Jagdhund genau, und probiere aus, was ihm am meisten Freude macht. Bestimmt wirst du eine Möglichkeit finden, ihn seinen Bedürfnissen entsprechend zu halten, auch wenn du selbst keinen Jagdschein besitzt.

Jagdhunde bei Nicht-Jägern

Und dennoch haben so viele Menschen Probleme damit, den Jagdhund frei laufen zu lassen, ohne dass er selbstständig jagen geht. Immer wieder suchen Menschen eine Hundeschule auf, in der Hoffnung, dort den Tipp zu erhalten, der ihrem Hund einen Freilauf ermöglicht. Und das, obwohl sie ihm eigentlich alles bieten, Auslauf, alternative Beschäftigungsformen etc. Ein möglicher Grund liegt ganz einfach darin, dass sich nicht alle Jagdhunderassen als Familienhund eignen. Viele Menschen sind fasziniert von den vielen unterschiedlichen Jagdhunderassen, und gerade die eher seltenen Exemplare sieht man heute immer häufiger auch in Nichtjägerhand. Dies ist allerdings nur bedingt sinnvoll, da diese Rassen eine starke jagdliche Motivation mit sich bringen und ihre Zucht sich nach wie vor hauptsächlich am jagdlichen Einsatzzweck orientiert.

Jagdhundmischlinge zeigen unterschiedliches Jagdverhalten. Probiere aus, woran dein Hund Spaß hat.

Auch Mischlinge wie der Große Münsterländer/Labrador-Rüde „Pfote“ können sich als Familienhund eignen.

Jagdhunderassen, die sich nur bedingt als Familienhunde eignen

Lange Zeit wurden bestimmte Jagdhunderassen nur an Jäger abgegeben. Dies ist auch durchaus sinnvoll, wenn man bedenkt, welche Bedürfnisse diese Hunde haben. So legen sämtliche Bracken bei der Jagd Entfernungen von mehreren Kilometern zurück, um den Hasen über weite Strecken verfolgen und dem Jäger zutreiben zu können. Wie will man als Familienhundehalter einem solchen Hund diese Bedürfnisse ermöglichen? Ein Spaziergang an der Schleppleine reicht wohl kaum aus. Auch viele der Vorstehhunderassen eignen sich für Familienhundehalter in der Regel nicht. Diese Hunde brauchen eine sehr intensive körperliche und geistige Auslastung, zudem sind sie zum Teil auch durch die gewünschten Eigenschaften der Wild- und Raubwildschärfe, also dem erwünschten Töten von Wild, wie z. B. Kaninchen und Hase, sowie Raubwild, wie z. B. Fuchs, für Familien oft nur schwer zu halten. Die starke jagdliche Motivation ist bei diesen Rassen nicht selten mit großer Eigenständigkeit gekoppelt und setzt daher bei der Haltung der Hunde neben ausreichend Beschäftigung vor allem eines voraus: Konsequenz. Wer einen solchen Hund halten will, muss sich zuvor Gedanken über die Regeln im Alltag machen und diese dann auch konsequent einhalten. Das Training der Grundsignale muss neben ausreichender Beschäftigung durch Suche und Apportierübungen sehr intensiv erfolgen, der Aufbau eines zuverlässigen Rückrufs bzw. des Stoppens vor der Beute sind für diese Hunde unerlässlich.

Jagdhunderassen, die sich als Familienhund eignen

Einige Jagdhunderassen eignen sich durchaus auch als Familienhund. Hier sind an erster Stelle die Retrieverrassen zu nennen, da diese speziell für die Zusammenarbeit mit dem Menschen gezüchtet wurden. Zudem besteht der Großteil der jagdlichen Arbeit in ruhigem und geduldigem Warten, während der Jäger das Wild erlegt. Damit bringen diese Hunde bereits durch die Zucht bedingte Ruhe und Impulskontrolle mit sich, was den Alltag in einer Familie sehr erleichtert. Aber auch einige Vorstehhunde, vor allem wenn sie nicht aus Leistungszuchten kommen, sowie einige Stöberhunde, wie z. B. die Spaniel, oder auch Solitärjäger, wie z. B. Dackel und Foxterrier, sind von ihrer Veranlagung her eher gemäßigt in ihrer jagdlichen Motivation, sodass sie durchaus auch von Familienhundehaltern artgerecht gehalten werden können.

☞ Jagdhunde in der Familie

RASSEN, DIE SICH NUR BEDINGT ALS FAMILIENHUNDE EIGNEN	RASSEN, DIE SICH IN DER REGEL ALS FAMILIENHUNDE EIGNEN
Chesapeake Bay Retriever (dieser zeigt ähnlich wie Vorstehhunde Schärfe)	Labrador Retriever, Golden Retriever, Flat Coated Retriever, Nova Scotia Duck Tolling Retriever, Curly Coated Retriever
Deutsch Drahthaar, Deutsch Langhaar, Deutsch Kurzhaar, Deutsch Stichelhaar	Bedingt Magyar Vizsla (nicht aus Leistungszucht)
Weimaraner (Rauhaar, Kurzhaar)	Bedingt Irish Setter, Gordon Setter, English Setter (nicht aus Leistungszucht)
Großer Münsterländer	Bedingt Kleiner Münsterländer (nicht aus Leistungszucht)
English Pointer	Epagneul Breton
Griffon, Pudelpointer	Spinone
Deutscher Jagdterrier	Foxterrier, Jack Russell Terrier, Parson Russell Terrier
Deutscher Wachtelhund	American Cocker Spaniel, American Water Spaniel, Cocker Spaniel, Clumber Spaniel, English Springer Spaniel, Field Spaniel, Irish Water Spaniel, Sussex Spaniel, Welsh Springer Spaniel, Kooikerhondje
Hannoverscher Schweißhund, Bayerischer Gebirgsschweißhund, Alpenländische Dachsbracke	Bedingt Dackel/Teckel – Kurzhaar, Langhaar, Rauhaar (nicht aus Leistungszucht)
Alle Bracken und Laufhunde (z. B. Bloodhound, Braque d'Auvergne, Brandlbracke, Deutsche Bracke, Otterhund, Tiroler Bracke)	Beagle

Windhunde

Windhunde, wie z. B. der Saluki, werden in der Regel als eigene Rassegruppe genannt, sind vom Ursprung her jedoch auch Jagdhunde, die in weiten Ebenen wie in der Wüste zur Jagd eingesetzt wurden. In der Wüste kann man weit blicken, es gibt keine Wälder, welche die Sicht eingrenzen. Das Wild muss hier aber zum Teil über weite Strecken verfolgt werden. Somit sind Windhunde in der Regel hochbeinige, schnelle Hunde, die zur Ortung von Wild hauptsächlich das Auge benutzen. Jede kleinste Bewegung in der Umgebung wird sofort registriert, die Hetzjagd beginnt. Die Verhaltenskette des Jagdverhaltens von Windhunden sieht wie folgt aus:
Orten > Fixieren > Anpirschen > **Hetzen** > Packen > Töten/Zerreißen > Fressen
Die fett gedruckten Elemente stehen für verstärkte Verhaltenselemente, die unterstrichenen für vermindert vorhandene Verhaltenselemente. Somit sind beim Windhund die Elemente Orten und Hetzen verstärkt, durch seine Schnelligkeit kann der Windhund die Beute über eine weite Distanz in kurzer Zeit verfolgen. Je nach Rasse soll der Windhund dann die eingeholte Beute töten („kill") oder aber so lange festhalten, bis der Jäger eintrifft, welcher das Töten dann übernimmt („at bay"). Es gibt auch Berichte, dass bei Hetzjagden dem ersten Hund noch ein weiterer hinterhergeschickt wurde, der den ersten vom Zerreißen und Fressen der Beute abhalten sollte. Das Packen beinhaltet daher nicht das Bringen, also das Tragen bzw. Zutragen der Beute zum Jäger, es ist damit lediglich in ursprünglicher Ausprägung vorhanden. Eine Trennung der Verhaltenskette erfolgt bei vielen Rassen nach dem Töten der Beute, kann jedoch auch komplett entfallen.
An dieser Stelle muss deutlich gesagt werden, dass Hetzjagden auf Wild in Deutschland nach dem Deutschen Tierschutzgesetz und dem Bundesjagdgesetz nicht erlaubt sind. § 3 S. 1 Nr. 8 DTSchG besagt, dass es verboten ist, „ein Tier auf ein anderes Tier zu hetzen, soweit dies nicht die Grundsätze weidgerechter Jagdausübung erfordern" und § 19 Abs. 1 Nr. 13 BJG besagt, dass es verboten ist, „die Hetzjagd auf Wild auszuüben".

Haltung und Training

Windhunde haben eine große Leidenschaft für alle Beschäftigungen, in denen Beute verfolgt werden kann. Zudem brauchen sie die Möglichkeit, auch einmal so richtig Gas geben zu können. Wer einmal einen Windhund in voller Geschwindigkeit erlebt hat, den sich zusammenkrümmenden und wieder aufschnellenden Körper, die Beine, die quasi über den Boden fliegen und diesen scheinbar gar nicht berühren, wird die Faszination, die davon ausgeht, nicht vergessen. Daher solltest du deinem Windhund immer wieder auch die Gelegenheit geben, ab und an so richtig rennen zu können. Ideal ist es, wenn du hierfür eine große ebene Fläche besitzt, allerdings haben nur die wenigsten Menschen so viel Grund und Boden, dass ein Windhund sich darauf ausreichend frei bewegen könnte.

Links: Zu den Windhunden gehört auch der aus England stammende Whippet, der für die Jagd auf Kaninchen genutzt wurde.

Filou liebt Spiele, bei denen er rennen und einer Beute hinterherjagen kann, wie beim Training mit der Reizangel.

Windhunderennsport

Eine Alternative bietet der Windhunderennsport oder die Teilnahme an sogenannten Coursings (engl.: Lure Coursing = Köderhetze). Coursings werden auf freiem Feld durchgeführt. An verschiedenen Stellen im Gelände befinden sich Umlenkrollen, an denen ein Zugseil ausgelegt wird. Am Ende des Zugseils befindet sich eine Hasenattrappe in Form von Plastik- und/oder Stofffetzen, ähnlich wie sie auf der Windhunderennbahn als Motivation genutzt wird. Im Unterschied zur Hetze auf der Rennbahn, wo der Hase nur dem Oval der Rennbahn folgt, kann beim Coursing eine echte Hasenhetze simuliert werden, bei der die Beute auch Haken schlägt, sodass der Hund sie nicht nur verfolgen kann, sondern auch auf Richtungswechsel schnell reagieren muss.

Du musst meist nicht direkt aktiv am Rennsport teilnehmen. Viele Windhunderennbahnen bieten auch Gästen die Möglichkeit, ihre Hunde dort laufen zu lassen. Wenn du also die Möglichkeit hast, eine Windhunderennbahn in der Nähe immer wieder einmal für den Freilauf und das Hetzen von Beute nutzen zu können, solltest du dies zur Freude deines Windhundes ruhig auch tun. Wer hierzu keine Möglichkeit in der näheren Umgebung hat, kann seinen Windhund auch mit Hetzspielen an der Reizangel auslasten. Das Training mit der Reizangel wird noch ausführlich besprochen (siehe S. 136 ff-).

Der Rottweiler gehört zu den Treibhunden. Er liebt alle Spiele, bei denen er seinen Körper einsetzen kann.

Treibhunde

Treibhunde wurden ursprünglich zum Treiben von Herden eingesetzt. Im Gegensatz zum Hütehund darf der Treibhund durchaus auch zupacken. Da es sich bei den Herden, die getrieben werden, meist um größere, kräftigere Tiere, wie z. B. Kühe, handelt, muss der Hund sich dementsprechend durchsetzen können. Fixieren reicht hier nicht aus, um die Kuh voranzutreiben, zumal Kühe eher ausbrechen, wenn ein Hund sich frontal vor sie stellt und fixiert. So zwicken Treibhunde die Kühe von hinten in die Fersen, um ihrer Forderung, sich weiterzubewegen, Nachdruck zu verleihen. Selbstverständlich dürfen die Kühe hierbei nicht wirklich verletzt werden, ein Reißen oder gar tödliches Verletzen ist also absolut unerwünscht. Treibhunde sind daher sehr robuste Hunde, die ihr Jagdverhalten in deutlicher Ausprägung ausleben. Die Verhaltenskette des Jagdverhaltens von Treibhunden sieht wie folgt aus:

<u>Orten</u> > <u>Fixieren</u> > Anpirschen > **Hetzen** > **Packen**/Töten > Zerreißen > Fressen

Die fett gedruckten Elemente stehen für verstärkte Verhaltenselemente, die unterstrichenen für vermindert vorhandene Verhaltenselemente. Dementsprechend findet man beim Treibhund die Elemente Hetzen und Packen in starker Ausprägung vor, denn die Hunde sollen die Tiere von hinten verfolgen und durch gelegentliches Zwicken in die Fersen antreiben. Zwar muss der Treibhund die Herde im Blick behalten, falls eine Kuh ausbricht, er muss die einzelnen Tiere aber nicht erst orten, wie es z. B. der Hütehund bei den oftmals weit im Gelände verstreuten Schafen macht. Und da der Treibhund die Herde von hinten antreibt und somit kein direkter Sichtkontakt zur Beute besteht, ist Fixieren bei der Arbeit ebenfalls nicht notwendig. Nach dem Element des Packens aber ist die Verhaltenskette wie bei den Hütehunden unterbrochen, Töten, Zerreißen und Fressen sollen natürlich nicht in Kombination mit dem Treiben von Herden stattfinden.

Haltung und Training

Treibhunde haben in der Regel viel Spaß an gemeinsamen Beschäftigungsformen mit dem Menschen. Da sie aber durchaus einen gewissen Anteil Selbstständigkeit in sich tragen, werden Aufgaben oft auch gern kreativ gelöst. Signale werden durchaus hinterfragt. Der Treibhund probiert dann erst einmal aus, ob er nicht eine bessere Idee hat, wie die ideale Lösung einer Aufgabe aussehen kann. Diese Hunde können daher durchaus mit Apportierspielen, Hetzspielen oder Suche beschäftigt werden, allerdings fehlt dem Treibhund hierbei die Dynamik und Körperlichkeit, um richtig glücklich zu werden. Zudem befriedigen diese Beschäftigungsformen nicht das ursprüngliche Verlangen des Treibhundes in Bezug auf dessen jagdliche Motivation. Der Treibhund möchte Beute verfolgen und dabei gern auch einmal körperlich werden. Eine speziell für die jagdliche Motivation der Treibhunde entwickelte Beschäftigung ist Treibball. Hierbei soll der Hund große Bälle durch Anstupsen mit dem Maul oder der Schulter vorwärtsbewegen. Er muss den Ball auf das Signal des Menschen in eine bestimmte Richtung treiben. Gymnastikbälle haben den Vorteil, dass man sie nach dem Training platzsparend verstauen kann. Doch Treibhunde sind nicht nur körperlich, sie beißen gern auch einmal in die Beute hinein. Wenn dein Treibhund dazu neigt, solltest du als Alternative lieber große Bälle aus Hartplastik benutzen, da die Gymnastikbälle das Training sonst vermutlich nicht unbeschadet überstehen.

Beim Treibball kann Rottweiler-Hündin Maja ihre jagdliche Leidenschaft voll ausleben.

Hütehunde

Vielen Menschen ist nicht klar, dass auch der Hütehund, wie z. B. der Border Collie, Jagdverhalten zeigt, wenn er hütet. Hüten ist im Grunde genommen nichts anderes als Jagdverhalten, bei dem durch Zuchtauswahl die Verhaltenskette nach dem Element des Hetzens getrennt wurde. Hütehunde wurden gezüchtet, um den Schäfer bei der Wanderung mit seinen Schafherden zu unterstützen. Der Hütehund muss dabei immer die Herde im Blick haben und auf ein eventuelles Ausbrechen der Schafe sofort reagieren, indem er diese durch Fixieren sowie Anpirschen und Hetzen wieder zur Herde zurücktreibt. Dabei muss er eng mit dem Schäfer zusammenarbeiten und auf die kleinsten Signale des Schäfers reagieren. So hilft er diesem z. B. dabei, Engpässe wie Brücken mit der Herde zu passieren oder Straßen zu überqueren.

Die Verhaltenskette des Jagdverhaltens von Hütehunden sieht daher wie folgt aus:
Orten > **Fixieren** > **Anpirschen** > Hetzen / Packen > Töten > Zerreißen > Fressen
Die fett gedruckten Elemente stehen für verstärkte Verhaltenselemente, die unterstrichenen für vermindert vorhandene Verhaltenselemente. Bei Hütehunden wurden also die Elemente Fixieren und Anpirschen hypertrophiert, diese Verhaltenselemente werden in stark ausgeprägter Form gezeigt. Ein Hütehund, der ein Schaf zur Herde zurücktreiben will, erstarrt regelrecht und will den Blick kaum mehr vom Schaf abwenden. Bei der Arbeit hat er die Herde immer im Blick, er muss sofort bemerken, wenn ein Schaf ausbricht, um direkt reagieren zu können. Das Element des Hetzens soll zwar vorhanden sein, jedoch sollen die aus der Herde ausgebrochenen Schafe natürlich nicht bis zur Erschöpfung der Tiere gehetzt werden. Daher sind die Elemente Orten und Hetzen normal ausgeprägt vorhanden. Beim Hütehund sind die letzten vier Elemente der Verhaltenskette des Jagdverhaltens getrennt, der Hütehund soll die Schafe ja nicht verletzen oder gar reißen oder fressen. Das Packen ist dabei sehr gering ausgeprägt, denn im Unterschied zu den Treibhunden soll der Hütehund die Tiere nicht durch gezielte Bisse in die Fersen antreiben. Es handelt sich in aller Regel um kleinere Tiere, wie z. B. Schafe oder Ziegen, sodass es beim Biss schnell zu einer ernsthaften Verletzung der Tiere kommen könnte.

Links: Der Weiße Schweizer Schäferhund liebt als Hütehund die Zusammenarbeit mit seinen Menschen.

Beim Hoopers Agility muss die Schäferhündin Katniss auf jedes kleinste Zeichen von Dolores achten.

Haltung und Training

Zunächst einmal ist der große Vorteil der meisten Hütehunderassen, dass diese auf die Zusammenarbeit mit dem Menschen gezüchtet wurden. Ähnlich den Gemeinschaftsjägern achten diese Hunde auf das kleinste Zeichen ihres Menschen, lassen sich in eine gewünschte Richtung schicken und können einen Stopp selbst aus dem aktiven Lauf sofort umsetzen. Damit bietet es sich an, mit Hütehunden viele verschiedene Beschäftigungsformen durchzuführen, um diese sowohl geistig als auch körperlich auszulasten. Bei Aktivitäten, bei denen sie schnell reagieren müssen, enge Wendungen und schnelle Stopps durchführen und daraus in einem rasanten Sprint durchstarten müssen, zeigen sie ihr Können. Viele Border Collies findet man mittlerweile auf Agility-Turnieren oder Obedience-Prüfungen, in denen sie begeistert mit ihrem Menschen zusammenarbeiten. Flyball, Frisbee, Tricks und neuerdings auch Hoopers Agility, die meisten Hütehunde lassen sich für alles motivieren, bei dem „Action“ und schnelles Reagieren gefragt ist. Man darf hierbei aber nicht vergessen, dass die eigentliche Arbeit der Hütehunde nicht nur aus aktivem Einsatz besteht, sondern ein Großteil der Zeit mit Warten und Beobachten verbracht wird. Daher solltest du mit deinem Hütehund neben dem aktiven Training immer auch die Impulskontrolle (siehe S. 96 ff.) und das Entspannen trainieren. Lernt dein Hütehund nicht, zur Ruhe zu kommen, wenn er gerade nicht an der Reihe ist, führt dies schnell dazu, dass du einen völlig gestressten Hund neben dir hast, der bellt und jault, und damit die Geduld aller extrem strapaziert. Nicht selten führt die zur Auslastung gedachte Aktivität dann dazu, dass dein Hund so gestresst ist, dass er selbst im Alltag nicht zur Ruhe kommen kann.

Hütehunde kann man körperlich im Hundesport auslasten. Dies ersetzt jedoch nicht die Arbeit an der Herde.

Hunde aus Leistungszucht

Auch wenn sich Hütehunde für die unterschiedlichsten Aktivitäten begeistern lassen, gibt es doch einen Nachteil: Bei keiner dieser Beschäftigungsformen werden die hypertrophierten Elemente des Jagdverhaltens von Hütehunden angesprochen. Der Hütehund muss Beute fixieren und vor sich hertreiben, um seine angeborene jagdliche Motivation befriedigen zu können. Doch Dummys, Bälle oder Frisbees reagieren nun einmal nicht auf das Fixieren des Hütehundes. Kann man die jagdliche Motivation von Treibhunden noch mit der Beschäftigung Treibball befriedigen (siehe S. 62 f.), ist auch dieses Training keine Ersatzhandlung für das Hüten, denn die Bälle müssen durch Körperkontakt (Stupsen mit der Schnauze oder der Brust) angetrieben werden. Daher solltest du beim Kauf eines Hütehundes darauf achten, diesen möglichst nicht aus einer Leistungszucht zu kaufen, wenn du ihm das Hüten nicht ermöglichen kannst. Zwar schaffen sich einige Hütehundehalter, wenn es sich auf ihrem Grundstück anbietet, eine kleine Herde Schafe oder eine Schar Enten an, die der Hütehund dann morgens auf die Weide und abends wieder in den Stall treiben darf, doch ständiges Hüten durch den Hund führt zu Stress bei der Herde, sodass der Hütehund auch dann nur sehr bedingt seiner jagdlichen Motivation nachgehen kann. Immer wieder liest man, dass Menschen mit ihrem Hütehund an Hüteseminaren teilgenommen haben, um dem Hund die Möglichkeit zu geben, seine Motivation ausleben zu können. Dies muss man allerdings kritisch sehen, denn bei einem solchen Training werden die gehüteten Tiere mehr oder weniger gestresst. Natürlich muss ein Hütehund, der zum Hüten eingesetzt werden soll, das Hüten in der Zusammenarbeit mit seinem Menschen erst einmal erlernen, und dafür z. B. mit seinem Menschen an einem solchen Hüteseminar teilnehmen. Nur für das Vergnügen eines Hundes, der niemals bei der Arbeit an den Schafen eingesetzt werden wird, andere Tiere zu stressen, ist moralisch und ethisch jedoch zu hinterfragen.

Herdenschutzhunde

Der Herdenschutzhund, wie z. B. der Kangal, ist der Begleiter der Herden, er soll die Schafe nicht hüten oder treiben, er fungiert lediglich als Beschützer. Zum Teil läuft er tagelang mit den Herden mit, ohne dass der Schäfer selbst dabei ist. Er beobachtet die Umgebung, liegt präsent am Rand der Herde und lässt sich durchaus auch auf einen Kampf mit einem angreifenden Beutegreifer wie Wolf oder Bär ein. In diesem Verwendungszweck liegt das ausgeprägte Territorialverhalten sowie die große Selbstständigkeit des Herdenschutzhundes begründet. Da die Hunde oft tagelang allein mit der Herde unterwegs sind, versorgen sie sich zum Teil auch selbst, indem sie kleinere Beutetiere wie Kaninchen jagen und fressen. Jagdverhalten ist also vorhanden, jedoch wird es nur dann gezeigt, wenn der Herdenschutzhund sich ernähren muss, und dies auch nur in Bezug auf passende Beuteobjekte. Schafe würden vom Herdenschutzhund niemals gejagt werden. Die Verhaltenskette des Jagdverhaltens von Herdenschutzhunden sieht wie folgt aus:
Orten > Fixieren > Anpirschen > Hetzen > Packen > Töten > Zerreißen > Fressen
Die unterstrichenen Elemente stehen für vermindert vorhandene Verhaltenselemente. Der Herdenschutzhund zeigt somit noch das komplett durchgängig vorhandene Jagdverhalten, es besteht keine Trennung zwischen einzelnen Elementen. Nur so kann sich der Herdenschutzhund während seiner Wanderungen mit der Herde zum Teil selbst ernähren. Dennoch wird er vom Halter

---

VERHALTENSUNTERSCHIEDE HÜTEHUND – HERDENSCHUTZHUND

Das Jagdverhalten reift bei Hütehunden viel früher heran als beim Herdenschutzhund, nämlich bereits mit Beginn der sensiblen Sozialisierungsphase, also ab der vierten Lebenswoche. Da dies dem Zeitpunkt der Sozialentwicklung entspricht, werden Teile des Jagdverhaltens in das artspezifische Spielverhalten integriert. Wenn man Hütehundwelpen im Spiel miteinander beobachtet, kann man sehen, wie sie sich gegenseitig fixieren und aneinander anschleichen. Bei Herdenschutzhunden treten diese Verhaltensweisen dagegen erst auf, wenn die Sozialentwicklung bereits abgeschlossen ist, also mit ca. fünf bis sechs Monaten. Daher werden diese Verhaltensweisen nicht mehr in das rassespezifische Sozialverhalten aufgenommen, Herdenschutzhunde zeigen also kein Anschleichen im Spiel. Aus diesem Grund verbringen Herdenschutzhunde auch die ersten Monate ihres Lebens inmitten einer Schafherde, sodass eine entsprechende Sozialisation stattfinden kann. Dadurch eignen sich Herdenschutzhunde für ihre Aufgabe ideal, denn so kann eine Sozialisation nicht nur vom Hund zum Schaf, sondern auch vom Schaf zum Hund erfolgen. Dies wird beim Hütehund niemals erfolgen, da Schafe vor einem anpirschenden Hund immer flüchten werden, auch wenn dieses Verhalten nur spielerische Intention hatte (vgl. Coppinger, 2005).

---

immer wieder auch mit Futter versorgt, er lebt in Zeiten, in denen die Herde nicht unterwegs ist, auf dem Hof. Seine jagdliche Motivation ist nicht stark ausgeprägt, denn auch seine Nutzung an der Herde hat mit jagdlichem Verhalten nichts zu tun. Daher sind die Elemente lediglich in verminderter Form vorhanden.

Portugiesische Berghunde gehören zu den Herdenschutzhunden.

Herdenschutzhunde und Schafe

Eine Besonderheit fällt beim Herdenschutzhund auf. Wieso zeigt er Jagdverhalten gegenüber Kaninchen, lässt aber die Schafe in Ruhe? Wenn man diese Hunde im Umgang mit Schafen beobachtet, kann man feststellen, dass sie soziale Verhaltensweisen wie „anknurren" und „Zähne zeigen" gegenüber Schafen zeigen. Damit wird klar, dass Herdenschutzhunde Schafe offensichtlich nicht als Beutetiere, sondern als Sozialpartner ansehen. Das bedeutet aber nicht, dass sich der Herdenschutzhund selbst für ein Schaf hält. Dann würde er nämlich das Sozialverhalten von Schafen in der Kommunikation mit ihnen zeigen. „Wenn Hunde drohen, zeigen sie ihre Zähne und knurren, während Schafe mit dem Vorderbein stampfen, wenn sie einem Hund drohen. Knurren ist ein genetisch verankerter Bestandteil des Sozialverhaltens und für Hunde typisch. Hunde knurren ihre Beute normalerweise nicht an. Knurren richtet sich an Tiere, mit denen sie kommunizieren müssen. Wenn ein Hund Schafe anknurrt, ist das ein sicheres Indiz dafür, dass er während der kritischen Phase eine soziale Bindung zu Schafen aufgebaut hat." (Coppinger, 2005)
Möglich ist diese Entwicklung des Sozialverhaltens von Herdenschutzhunden gegenüber Schafen aufgrund der verspäteten Entwicklung des Jagdverhaltens, das bei Herdenschutzhunden erst mit ca. fünf bis sechs Monaten einsetzt.

Haltung und Training

Aufgrund ihrer speziellen Verhaltensentwicklung werden Herdenschutzhunde in der Regel kein stark ausgeprägtes Jagdverhalten zeigen. Wenn sie dies jedoch tun, dann meist mit dem Aspekt, die Verhaltenskette bis zum Ende, also bis zum Töten, Zerreißen und Fressen der Beute, durchzuführen. Da Herdenschutzhunde ähnlich wie nordische Hunde zudem sehr selbstständig und erwachsen in ihrer Verhaltensentwicklung sind, haben sie in der Regel wenig Interesse an spielerischen Alternativen. Ähnlich wie bei nordischen Hunden solltest du mit deinem Herdenschutzhundwelpen von Beginn an viele verschiedene Spielformen durchführen (siehe S. 48 f.). Dennoch kann es im erwachsenen Alter dazu kommen, dass dein Hund sich mit solch kindischen Spielereien nicht mehr abgeben will. Ein Training mit dem Futterbeutel kann hilfreich sein, jedoch solltest du beim erwachsenen Hund auf ein existenzielles Training verzichten, da dies sonst dazu führen kann, dass er die Frage nach der Essenszuteilung ausdiskutieren will – und das kann schnell zu deinen Ungunsten ausgehen. Herdenschutzhunde sind jedoch aufgrund ihres Jagdverhaltens eher unproblematisch. Allerdings macht ihre große Selbstständigkeit, gepaart mit einem ausgeprägt vorhandenen Territorialverhalten, die Haltung als Familienhund eher schwierig.

Calito ist ein sehr selbstständiger Hund, dennoch lässt er sich auf Suchspiele mit Marcel ein.

Gesellschaftshunde

Bei Gesellschaftshunden, wie z. B. dem Havaneser, gibt es einen großen Unterschied zu allen anderen Rassegruppen. Diese Rassen wurden nur dazu gezüchtet, dem Menschen Gesellschaft zu leisten, ihn zu begleiten und durch ihr Vorhandensein zu erfreuen. Sie hatten also keine ursprüngliche Aufgabe in einem Arbeitsbereich. Damit ein Hund jedoch ein angenehmer Begleiter auf Spaziergängen und im Alltag sein konnte, war es wichtig, dass er kein ausgeprägtes Jagdverhalten zeigte. Die Verhaltenskette des Jagdverhaltens von Gesellschaftshunden sieht wie folgt aus:
Orten > Fixieren > Anpirschen > Hetzen > Packen/Töten > Zerreißen > Fressen
Die unterstrichenen Elemente stehen für vermindert vorhandene Verhaltenselemente. Da Gesellschaftshunde nicht für die Jagd in irgendeiner Form gezüchtet wurden, sondern eher darauf, dass sie gerade dieses Verhalten nicht zeigen, sollen sie alle Elemente – bis auf das Zerreißen und Fressen – nur in stark verminderter Form besitzen. Wenn doch einmal Jagdverhalten gezeigt wird, soll dies natürlich von den letzten drei Elementen getrennt sein.

Havaneser-Hündin Motte gehört zu den Gesellschaftshunden. Sie ist eine entspannte Begleiterin in Feld und Wald.

Haltung und Training

Aufgrund ihres eher gering ausgeprägten Jagdverhaltens sowie dem generellen Interesse am Menschen, gibt es in der Regel kein Problem in Bezug auf das Jagdverhalten bei der Haltung von Gesellschaftshunden. Da aber auch ein Gesellschaftshund, wenn auch in stark verminderter Form, zumindest die Anlagen für Jagdverhalten besitzt, solltest du ihn von Welpe an mit verschiedenen Beschäftigungsformen wie Fährte, Apportieren oder Suche auslasten.

Mischlinge

Viele Menschen kaufen sich einen Mischling, weil sie gerade keine besonders ausgeprägte Form des Jagdverhaltens bei ihrem Hund möchten, wie das bei Rassehunden, die für eine bestimmte Aufgabe gezüchtet wurden, nicht selten der Fall ist. Leider geht diese Rechnung nicht immer auf. Dies liegt zum einen daran, dass eben die einzelnen Elemente des Jagdverhaltens von der Veranlagung her in jedem Hund vorhanden sind, einen Hund ohne jagdliche Verhaltensweisen

Jagdhund-Mischlingsrüde Asmo trägt die Gene vieler unterschiedlicher Jagdhunderassen in sich.

gibt es nicht. Zudem kann man Vererbung leider nicht voraussagen, man weiß also nie, welche Gene sich beim Hund jeweils durchsetzen und welche nicht.

Verpaart man z. B. einen Golden Retriever – mit starkem Jagdverhalten in den Bereichen Orten und Packen und gering ausgeprägtem Jagdverhalten in den Bereichen Fixieren und Anpirschen – mit einem Australian Shepherd – mit starkem Jagdverhalten in den Bereichen Fixieren und Anpirschen und gering ausgeprägtem Jagdverhalten in den Bereichen Orten und Packen –, hat man mit viel Glück einen Mischling, der in allen vier Bereichen wenig ausgeprägtes Jagdverhalten zeigt. Mit viel Pech hat man aber nun einen Mischling, der ausgeprägtes Jagdverhalten in allen vier Bereichen zeigt.

Als Halter eines Mischlings solltest du daher deinen Hund genau beobachten. Welches Verhalten zeigt er, was sind seine Bedürfnisse? Nur so kannst du ein individuell zu ihm passendes Training aufbauen und ihn entsprechend seiner Veranlagung möglichst artgerecht halten. Wenn du dir unsicher bist, kannst du deinen Hund von einem Hundetrainer einschätzen lassen. Er wird ihn in den unterschiedlichsten Situationen beobachten und dir dann sagen können, welche Verhaltensweisen eventuell schwierig werden können und wie du das Training mit deinem Mischling aufbauen solltest.

FRAGEN ZUR EINSCHÄTZUNG DEINES HUNDES

- Wie sucht dein Hund? Nimmt er die Nase tief auf den Boden? Hält er die Nase hoch, um sich Wind zu holen?
- Wie weit entfernt er sich von dir? Wie lange bleibt er weg?
- Achtet er auf dich und deine Gesten? Orientiert er sich freiwillig an dir?
- Welche Elemente des Jagdverhaltens zeigt er? Fixieren, Anschleichen, eventuell Vorstehen oder direkt Hetzen?
- Hat er Interesse an Mauselöchern?
- Hatte er bereits Jagderfolg?

Kalea ist eine typische Straßenhündin. Als Mischling trägt sie viele Jagdhunde-Anlagen in sich.

Straßenhunde – häufig gute Jäger

An dieser Stelle möchte ich noch auf die sogenannten „Straßenhunde" eingehen. Viele Menschen möchten einem Hund, der in Not geraten ist, helfen, indem sie ihn in die Familie aufnehmen.

Gerade in südlichen und östlichen Ländern leben leider immer noch viele Hunde auf der Straße, in der Regel mit großem Ernährungsmangel, medizinisch nicht versorgt und ohne große menschliche Zuwendung. Natürlich ist das Anliegen, diesen Hunden zu helfen, generell erst einmal positiv zu sehen. Doch nicht immer ist eine Vermittlung aus dem Süden oder Osten in unsere Lebensbereiche sinnvoll, die Haltung eines solchen Hundes kann einige Probleme mit sich bringen, wie beispielsweise starkes Angstverhalten vor Menschen oder Umgebungsreizen. Aber auch die jagdliche Motivation dieser Hunde stellt viele Familien vor große Herausforderungen, wie das folgende Beispiel zeigt.

Straßenhündin Kalea aus Spanien

Familie Brack möchte einen Hund in die Familie aufnehmen. Die Kinder sind mit fünf und acht Jahren verständig genug, um mit einem Hund im Haus zu leben und sich auch zum Teil mit um die Versorgung des Hundes zu kümmern.

Kalea zieht ein

Bei der Recherche im Internet, welche Rasse sich am besten eignet, ist Familie Brack auch auf die Homepage einer Organisation gestoßen, die Hunde aus Spanien nach Deutschland vermittelt. Der Hund vorn auf der ersten Seite hat alle sofort angesprochen: eine helle, leicht cremefarbene Hündin, mit lockigem wuscheligen Fell und lustigen abstehenden Ohren. Mit ihrem freundlichen Gesicht schaute sie auf dem Foto Richtung Betrachter, und schon war es um Familie Brack geschehen. Besonders die Kinder waren begeistert. „Die schaut so lieb, die tut bestimmt niemandem etwas."
Die Beschreibung der Hündin lautete wie folgt: *„Kalea, ca. dreijährige Hündin aus Marbella, die zurzeit in der Tötungsstation sitzt und sich sehnlichst ein neues Heim wünscht. Kalea ist eine freundliche Hündin, die sich mit Artgenossen versteht. Sie ist eine sehr aktive Hündin, die viel Auslauf und Beschäftigung braucht. Menschen gegenüber ist die Hündin zurückhaltend, an den Pfleger hat sie sich jedoch schnell gewöhnt. Kalea darf noch drei Wochen in der Station verbleiben. Sollte sich bis dahin niemand für sie finden, wird sie getötet werden."*
Gerade der letzte Satz war für die Kinder der Familie natürlich das Stichwort: Jetzt muss schnell gehandelt werden. Aber auch Herr und Frau Brack konnten nichts entdecken, das gegen die Aufnahme der Hündin in die Familie sprach. Eine nette, umgängliche Hündin, mit der man viele Aktivitäten durchführen kann! Eigentlich genau das, was sie gesucht hatten. Kurzerhand nahm Herr Brack Kontakt mit der Organisation auf und einige Wochen später zog Kalea bei der Familie ein.

Die Leidenschaft zum Jagen

Nach einiger Zeit jedoch tauchte Familie Brack bei der örtlichen Hundeschule auf, denn irgendwie hatten sich alle das Zusammenleben mit Kalea anders vorgestellt. Zwar war sie wirklich eine nette Hündin, die niemals eine aggressive Reaktion gegenüber Menschen oder auch gegenüber den Hunden aus der Nachbarschaft zeigte. Nur leider gestalteten sich die Ausflüge und Unternehmungen anders als geplant. In den ersten Wochen ließ Familie Brack Kalea an der Schleppleine, die Hündin sollte sich ja eingewöhnen und die Umgebung kennenlernen. Und natürlich musste Kalea erst einmal lernen, auf die wichtigsten Signale, wie z. B. den Rückruf, zu reagieren. Die ganze Familie übte fleißig mit Kalea, anfangs im Haus, später im Garten und dann auch unterwegs an der Schleppleine. Sobald Kalea gerufen wurde, drehte sie um und kam angelaufen, um sich den begehrten Leckerbissen zur Belohnung abzuholen.

Auf dem Spaziergang hat Kalea Augen und Ohren überall, nur nicht bei Marion.

Freilauf mit Folgen

Schließlich kam der große Augenblick, Kalea durfte ohne Leine laufen. Das ging genau 10 Minuten gut. Sie lief entspannt und schnüffelnd durch die Gegend. Auf einmal entdeckte sie jedoch das Kaninchen auf dem Feld und schon gab es kein Halten mehr. Kalea hetzte laut bellend hinter dem Kaninchen her und war schnell außer Sicht, da half weder der Rückruf noch verzweifeltes Schimpfen. Ein paar Stunden später meldete sich ein Bauer aus der Umgebung, auf dessen Hof Kalea sich eingefunden hatte. Zum Glück trug sie ein Halsband mit Adresse und Telefonnummer, sodass Familie Brack schnell informiert werden konnte. Alle weiteren Versuche des Freilaufs endeten ebenfalls in einem ähnlichen Desaster. Kaleas Leidenschaft waren offensichtlich die Kaninchen, weshalb die Familie Gegenden, in denen Kaninchen vermehrt anzutreffen waren, mied. Aber auch Spuren konnten Kaleas Jagdleidenschaft auslösen. Bekam sie einen spannenden Duft in die Nase, verfolgte sie zügig die Spur, ohne auf ein Signal von Familie Brack zu reagieren. Daher beschloss die Familie, die Hündin erst einmal auf Ausflügen an der Leine zu lassen und sie stattdessen im großen, komplett umzäunten Garten zu beschäftigen. Doch dies stellte sich als beinahe unmögliches Unterfangen dar. War Kalea im Garten, legte sie sich an eine sonnige Stelle und war durch nichts mehr zu bewegen, aktiv zu werden. Weder der Ball noch das neueste Spielzeug, das laut Werbung jeder Hund attraktiv finden sollte, weckte ihr Interesse. Kalea sah, wenn überhaupt, dem Wurf hinterher und blieb liegen.
So hatten sich alle die gemeinsame Aktivität mit dem neuen Familienmitglied nicht vorgestellt …

Analyse und Trainingsaufbau

In der Hundeschule erfährt Familie Brack, dass die Ursache in der Vorgeschichte der Straßenhündin liegt. Natürlich war der vermittelnden Organisation nicht alles über das Leben von Kalea bekannt. Einige Details konnten jedoch weitergegeben werden. Sie lebte in einer Kleinstadt in Spanien, in einer eher ländlichen Region. Sie war zwar in keinem guten Ernährungszustand, jedoch auch nicht vollkommen abgemagert. Die Menschen vor Ort berichteten, dass Kalea gerade in der Touristensaison recht beliebt bei den Reisenden war, aufgrund ihres ansprechenden Aussehens und ihres freundlichen Wesens. Daher steckten diese ihr oft einen Brocken Futter zu oder gaben ihr die Reste einer Mahlzeit. Da es in der ländlichen Gegend durchaus noch viel Wild gibt, hatte Kalea in der Nebensaison, in der nur selten Reisende vor Ort waren, Kaninchen und anderes Wild gejagt. Sie hatte somit die ersten Jahre ihres Lebens gelernt, sich selbst zu versorgen. Jagd war damit für Kalea ein fester Bestandteil ihres Lebens, es war überlebensnotwendig, Beute zu machen. Nur aufgrund der Tatsache, dass nun ein voller Futternapf vor ihr steht, wird sie dieses Verhalten nicht ablegen. Familie Brack berichtet daraufhin, dass ihre Hündin an Futter sowieso kein großes Interesse zeigt. Sie frisst das angebotene Trockenfutter nur sehr mäkelig, egal, welche Sorte die Familie ihr angeboten hatte. Aus Angst, dass Kalea nicht genug frisst, lässt die Familie den Futternapf daher mittlerweile einfach immer gefüllt stehen.

Jagen aus Spaß

Der Hundetrainer erläutert Familie Brack, dass sie damit das Problem nicht lösen. Es geht Kalea beim Jagen nur zum Teil um die Stillung des Hungerbedürfnisses. Sie jagt auch deshalb, weil es ihr einfach Spaß macht, weil dieses Verhalten fest zu ihrem Charakter, zu ihrem Leben gehört. Familie Brack soll Kalea daher Alternativen bieten, sie soll ihr Jagdbedürfnis zukünftig anderweitig ausleben können. Daraufhin berichtet die Familie von den Versuchen, Kalea für ein Ballspiel zu begeistern, die kläglich gescheitert sind. Als der Hundetrainer erklärt, dass Ballspiele für die Straßenhündin sinnlos sind, da diese das Apportieren eines Balls als „kindische" Spielerei ansieht und daher wohl nie für solche Dinge große Begeisterung zeigen wird, werden die Gesichter der Kinder immer länger. Kalea sollte doch auch ein Spielkamerad für die Kinder werden!

Links: Das Spiel mit dem Ball interessiert Kalea gar nicht. Sie liegt lieber in der Sonne und beobachtet die Umgebung.

In kleinen Schritten lernt Kalea den Futterbeutel zu bringen.

Training mit dem Futterbeutel

Der Trainingsplan für Familie Brack und Kalea sieht daher wie folgt aus: Die Hündin erhält kein Futter mehr aus dem Napf, sondern sie soll lernen, einen Beutel aus Stoff zu bringen, in dem ihre Futterration ist. Damit dies klappt, muss das Futter attraktiv sein wie Pommes Frites oder Nudeln, also Essensreste, die Kalea vermutlich auch von den Touristen erhalten hat. Beim ersten Training zeigt Kalea auch sofort Interesse und schnuppert an dem Futterbeutel. Es dauert nicht lange, bis sie diesen ins Maul nimmt und schon nach wenigen Versuchen bringt sie den Futterbeutel zu Herrn Brack. Ab sofort erhält Kalea ihr Futter ausschließlich für das Apportieren.

Rückruf mit Pfeife

Danach zeigt der Hundetrainer Familie Brack, wie sie ihrer Hündin beibringen können, auf Pfiff zu kommen. Kalea darf in der ganzen Zeit des Trainings nicht frei laufen, damit sie keinen weiteren Erfolg hat und sich nicht wieder selbstständig auf die Jagd begibt. Die Aufgaben beim Training werden künftig immer anspruchsvoller. Kalea lernt, sitzen zu bleiben, auch wenn sich eine spannende Beute bewegt, und sie lernt, auch mitten in der Jagd nach einer spannenden Beute abgerufen zu werden. Trotzdem wird sie nie der Hund werden, den man überall frei laufen lassen kann. Doch damit kann sich Familie Brack arrangieren. Immerhin hat sie die Verantwortung für diese Hündin übernommen.
Natürlich gibt es immer Gründe, aus denen die Trennung vom Hund die für alle beste Option ist. Dennoch sollte eine solche Entscheidung niemals leichtfertig getroffen werden. Auch wenn ein Hund vielleicht nicht alle Erwartungen der Menschen erfüllt, kann durch ein Training, in dem die Menschen die Bedürfnisse ihres Hundes verstehen lernen und bei dem gemeinsame Beschäftigung aufgebaut wird, ein harmonisches Mensch-Hund-Team entstehen.

Freilauf nicht immer möglich!

Viele Halter von Straßenhunden haben das Problem, dass sie den Hund nicht frei laufen lassen können, da dieser jede Chance für einen selbstständigen Jagdausflug nutzt. Alternative Beschäftigungsformen werden häufig ignoriert. Zwar sind die meisten Straßenhunde in der Regel tatsächlich sozial kompatibel, es gibt also in der Regel keine Probleme bei Hundebegegnungen. Jedoch können viele Halter von Straßenhunden ihren Hunden kaum eine Möglichkeit zum Kontakt mit Artgenossen bieten, da ein Freilauf im Park nicht selten irgendwann doch damit endet, dass der Straßenhund das Interesse am anderen Hund verliert, spätestens dann, wenn ein geeignetes Jagdobjekt auf der Bildfläche erscheint.

Tierschutzhund ist nicht gleich Straßenhund

An dieser Stelle möchte ich aber auch noch einmal betonen, dass nicht alle Hunde aus dem Ausland automatisch diesen Kriterien entsprechen, denn schließlich haben nicht alle Hunde aus dem Auslandstierschutz auch auf der Straße gelebt. Viele sind bereits als Welpe ins Tierheim gekommen und dort aufgewachsen, oder aber sie haben in einer Familie gelebt, und wurden dann aufgrund einer Krankheit, des Alters oder weil sie einfach gerade nicht mehr in das Leben der Familie passten, ausgesetzt. Daher ist es wichtig, sich insbesondere bei der Aufnahme eines Hundes aus dem Ausland vorab ein möglichst umfangreiches Bild des Hundes zu machen. Im Idealfall hat man die Möglichkeit, sich den Hund z. B. im Rahmen einer Urlaubsreise anzuschauen. Alternativ gibt es oft deutschsprachige Ansprechpartner vor Ort, die zu einem intensiven Austausch bereit sind und den Hund z. B. in unterschiedlichen Situationen filmen. Passt der Hund gut zu den Anforderungen im neuen Lebensraum, kann ein Hund aus dem Ausland ein Glücksgriff sein, sowohl für die Menschen, als natürlich auch für den Hund.

Bevor man über eine Trennung vom Hund nachdenkt, sollte man dem Wachsen und der Weiterentwicklung einer Beziehung erst einmal eine Chance geben!

Die Podenco/Pointer-Mischlingshündin Bella ist zwar wunderschön, aber auch stark jagdlich motiviert.

Regeln —

Umgang mit Jagdverhalten

Unter Kontrolle – ein Leben lang

Egal ob Welpe, Junghund, erwachsener Hund oder Hundesenior, Jagdverhalten zeigt sich in jedem Lebensalter des Hundes und muss durch Trainingsmaßnahmen kontrolliert werden.

Die Welpenzeit

→ Orientierung und Bindung aufbauen, Erfolge schaffen

Mit dem Aufbau einer alternativen Beschäftigungsform (siehe auch S. 120 ff.) solltest du von Welpe an beginnen. So lernt dein Welpe zum einen, dass er bei der Durchführung der Beschäftigungsform Spaß erlebt und seine individuellen Bedürfnisse ausleben kann. Zum anderen erfährt er diese angenehmen Gefühle in Zusammenhang mit dir, wodurch du ebenfalls positiv im Gefühlsbereich besetzt wirst. Er verbindet die Befriedigung seiner jagdlichen Motivation mit eurem gemeinsamen Training und lernt, dass er zum Erfolg kommt, wenn er sich an die Regeln, die du ihm vorgibst, hält. Gleichzeitig erfährt dein Welpe Jagderfolg mit Beuteobjekten, die du auswählst, also z. B. einem Ball, Futterbeutel oder Dummy. Auch diese Beuteobjekte werden durch das erfolgreiche Training positiv besetzt, sodass dein Welpe sich auch später im Erwachsenenalter noch gern damit beschäftigen wird. Diese Beuteobjekte sind für deinen Hund dann hochwertige Alternativen zu „echter" Beute wie Hase, Kaninchen oder Reh.

Unterschiedliche Beuteobjekte

Du solltest möglichst nicht immer nur ein einziges Spielobjekt für das Training mit deinem Welpen nutzen. Zum einen bleibst du flexibel, denn wenn „das eine" Lieblingsspielzeug deines Hundes irgendwann einmal kaputt oder verloren geht, wird es unter Umständen lange dauern, bis sich dein Hund an ein neues Trainingsspielzeug gewöhnt hat. Nutzt du unterschiedliche Objekte, kannst du z. B. für das Training am Wasser einen schwimmfähigen Gegenstand einsetzen. In der Wohnung spielst du beispielsweise mit einem Stofftier mit deinem Hund, draußen nimmst du lieber wetterfeste Gegenstände mit.

Von Beginn an solltest du unterschiedliche Objekte für das Beutespiel mit deinem Hund nutzen.

Viele Hunde lieben es, Bällen hinterherzurennen.

Auch Jack Russell Casper rennt dem Ball hinterher.

Gerade bei Rassen, die sich von ihrer Veranlagung her gern auf das Spiel mit leblosen Objekten einlassen, wie z. B. der Border Collie oder der Deutsche Schäferhund, besteht zudem die Gefahr, dass die Fixierung auf „das eine" Beuteobjekt zu stark wird. Dieses Objekt erhält dann eine so große Bedeutung, dass der Hund wortwörtlich davon abhängig wird. Er interessiert sich nicht mehr für andere Objekte. Sobald sein bevorzugtes Beuteobjekt ins Spiel kommt, hat er nur noch Augen dafür. Wie ein Drogenabhängiger kann er den Blick nicht mehr davon abwenden, er ist nicht mehr ansprechbar und würde alles tun, um an das begehrte Objekt zu gelangen (siehe auch S. 12 ff.). So sprang ein Deutscher Schäferhund bei einem Versuch durch eine dichte Hecke, weil dahinter sein Mensch mit dem geliebten Ball stand. Selbst der Umweg von etwa einem Meter außen um die Hecke herum dauerte zu lange, lieber wurden Schrammen und Kratzer in Kauf genommen, um so schnell wie möglich die Beute aufnehmen zu können.

Abhängigkeit vermeiden

Eine solch extreme Abhängigkeit möchten wir beim Hund natürlich nicht aufbauen. Zwar wird ein Hund mit einer so extremen Objektfixierung nur selten Jagdverhalten in Bezug auf Wildtiere zeigen, vor allem dann nicht, wenn „seine" Beute mit dabei ist, der Mensch also diese Beute auf dem Spaziergang dabei hat oder der Hund die Beute selbst tragen darf. Allerdings wird der Hund eben auch nur noch auf die Beute fixiert sein. Er steht den gesamten Spaziergang unter Stress und lauert darauf, ob der Mensch die Beute vielleicht noch einmal wirft, sodass er wieder hinterherjagen kann. Darf er sie selbst eine Zeit lang tragen, wirft er sie, sobald der Mensch stehen bleibt, diesem vor die Füße, als Aufforderung, das tolle Beutespiel erneut zu starten.

Jack Russell Terrier fixieren sich leicht auf eine Beute. Sie sollten nicht nur mit Ballspiel beschäftigt werden.

Ein solcher Hund hat keinen Blick mehr für die Umgebung, er nimmt die Umwelt oft fast gar nicht mehr wahr. Er interagiert nicht mehr mit seinem Menschen – außer in Bezug auf die Wiederaufnahme des Beutespiels, und auch nicht mit anderen Menschen oder Hunden, denen er auf dem Spaziergang vielleicht begegnet. Dabei sollte der Spaziergang doch eigentlich eine gemeinsame soziale Interaktion von Mensch und Hund sein. Richte daher dein Training niemals darauf aus, deinen Hund in eine solche starke Abhängigkeit zu einem Gegenstand zu bringen. Denn schließlich bist es ja du, der für deinen Hund wichtig sein soll, mit dem er eine soziale Beziehung eingehen und an dem er sich orientieren soll.
Nutze daher für das Spiel mit deinem Welpen von Beginn an unterschiedliche Spielobjekte. Werde kreativ und zeige deinem Welpen, wie vielfältig die Welt ist.

Das Entdecker-Jagdspiel

Schon als Welpe wird dein Hund viele spannende Dinge entdecken. Er wird dabei anfangs jedoch eher in deiner Nähe bleiben, sich an dir orientieren. Wenn du deinen Welpen abholst, kennt er noch nicht viel. Erobere daher gemeinsam mit ihm die Welt. Genauso wie du ihn an sämtliche Alltagsreize, an verschiedene Menschen und Umweltsituationen gewöhnen musst, solltest du bereits jetzt mit ihm zusammen „dein Jagdgebiet" erkunden. In dieser Phase kannst du deinem Welpen zeigen, dass du ein „guter Jäger" bist, indem du viele interessante Dinge findest, an die ihr euch anschleichen und die ihr gegebenenfalls erbeuten könnt. Hierfür kannst du das Spielzeug nutzen, das du für den Spaziergang eingesteckt hast. Dein Welpe wird in dieser Zeit noch nicht alles mitbekommen, du kannst daher relativ leicht das Spielzeug in einen dichten Busch oder einen höheren Bewuchs

Gemeinsam jagen fördert die Bindung: Sarah schleicht sich zusammen mit Klopfer an den Futterbeutel an.

fallen lassen, ohne dass er es bemerkt. Mach deinen Welpen dann aufmerksam und sprich ihn an. Fordere ihn auf, mit dir mitzukommen. Du kannst dabei ähnlich wie ein Hund bei der Jagd einen schleichenden Gang einnehmen.
Gehe leicht gebückt langsam vorwärts, dabei immer mit einer besonderen Spannung in Richtung auf die Beute, von der nur du weißt, dass diese dort liegt. Dein Welpe wird dieses Verhalten in der Regel nachahmen. Kennt er das Signal „Fuß“ bereits, kannst du ihn damit auch zum Folgen auffordern. Kurz vor der Beute angekommen, verharrst du. Bleibt er ebenfalls stehen, kannst du dieses Verhalten direkt mit einem Signal wie „Warte“ verknüpfen. So lernt dein Welpe mit der Zeit, dass er kurz vor dem Erreichen einer Beute

verharren soll. Ich nutze hier bewusst ein anderes Signal als das „Bleib“ (siehe S. 99 f.), denn langfristig soll das Signal „Warte“ nur für das Belauern, also das „Warten und Beobachten“ von Beute, genutzt werden. Es kündigt damit dieses spezielle Element des Jagdverhaltens für deinen Hund an. Nach dem Verharren kannst du nun entscheiden, wie das Spiel weitergeht, dazu kannst du unterschiedliche Varianten nutzen.

Variante 1 Einmal schickst du deinen Welpen in Richtung der Beute. Gehe hierzu anfangs noch zusammen mit ihm los und zeige mit der Hand in Richtung Beute. Fängt dein Welpe an zu suchen, kannst du auch jetzt wieder ein Signalwort, wie z. B. „Such“, hinzufügen. Dieses musst du natürlich vorab aufbauen (siehe S. 140 ff.).

Vorsicht: Lass deinen Welpen nicht immer die Beute suchen und finden. Das wird dann nämlich dazu führen, dass er nicht mehr ruhig neben dir wartet.

Variante 2 Alternativ kannst du ihn an dem Ort, an dem ihr beide angehalten habt, länger warten lassen. Den meisten Welpen fällt es leichter, sitzend zu warten, weshalb es sich anbietet, deinem Welpen zunächst das Signal „Sitz“ zu sagen (das du ihm zuvor natürlich beibringen musst), bevor du das Signal „Bleib“ hinzufügst (siehe S. 140 ff.). Dein Welpe soll jetzt also sitzen bleiben, während du zur Beute gehst, diese aufhebst und dann mit der Beute zu ihm zurückkommst. Du kannst das Signal „Bleib“ nun auflösen und dich gemeinsam mit deinem Welpen über die gefundene Beute freuen und ein Spiel damit starten.

Variante 3 Du kannst deinen Welpen auch einfach nur für das Sitzenbleiben belohnen. Lass ihn, wie im Beispiel zuvor beschrieben, sitzen bleiben, während du dir die Beute anschaust. Du lässt diese nun aber liegen und kehrst ohne sie wieder zu deinem Hund zurück. Nun solltest du noch ein zweites Spielzeug dabeihaben, denn zur Belohnung für das Sitzenbleiben erfolgt jetzt ein Spiel mit dem anderen Spielzeug. Dabei entfernst du dich leicht von der Beute. Dein Welpe lernt, dass Beute zwar immer interessant ist, jedoch nicht jede Beute als Jagdobjekt von dir akzeptiert wird, dass Beute also auch manchmal einfach liegen bleiben muss. Dieses Spielzeug musst du dann natürlich noch in einem unbeobachteten Moment oder später, wenn du deinen Welpen ins Auto oder in die Wohnung gebracht hast, wieder einsammeln. Zugegeben, das ist etwas aufwendig, daher wirst du diese Variante vermutlich nicht oft durchführen.

Variante 4 Das Entdecker-Jagdspiel kannst du auch mit „natürlicher“ Beute durchführen. Das heißt nun aber nicht, dass du dich auf die Suche nach Hasen und Rehen machen sollst – zumindest

HILFSMITTEL LEINE

Sollte dein Welpe sich nicht an dir orientieren und einfach weiterlaufen, kannst du anfangs auch die Leine zu Hilfe nehmen. Halte die Leine beim Anschleichen relativ kurz und verhindere durch das Aufnehmen der Leine beim Anhalten, dass dein Welpe weiterrennt. Rucke dabei nicht aktiv an der Leine, es reicht, wenn du sie festhältst und dadurch verhinderst, dass dein Welpe weitergehen kann. Bleibt er nun stehen, lobe ihn und füge später das entsprechende Signalwort hinzu.

Werde zum Fährtenleser, indem du lernst, Spuren und Trittsiegel von Tieren zu erkennen, Wildwechsel und Liegestellen von Wild zu entdecken sowie Spuren der Tiere an Bäumen, auf der Wiese oder in Suhlen wahrzunehmen.

nicht im ersten Schritt! Es gibt jedoch gerade für einen Welpen viele spannende Objekte in der Natur, die du bedenkenlos in euer gemeinsames Entdecker-Jagdspiel miteinbeziehen kannst. Als Beute kann dabei alles dienen, was die Natur bietet: ein toter Regenwurm, das Gewölle einer Eule, Federn von Vögeln oder Fellreste in einem Zaun – wenn du aufmerksam durch die Natur gehst, wirst du feststellen, wie viele „Hinterlassenschaften" von Tieren du vorfindest.

Warten und beobachten

Seid ihr beide bereits fortgeschritten im Training, kann sich dein Welpe also bereits gut beherrschen und besitzt eine gute Impulskontrolle (siehe S. 96 ff.), kannst du auch lebende und damit sich bewegende Jagdbeute auswählen. Vielleicht krabbelt vor dir ein Käfer, eine Ameise oder ein anderes kleines Tier seines Weges? Sprich deinen Welpen an und schleiche gemeinsam mit ihm auf das Tier zu. Verharre kurz vor dem Tier mit dem Signal „Warte" und beobachte gemeinsam mit deinem Welpen, wie dieses über den Weg krabbelt oder läuft. Für deinen Welpen ist diese Aufgabe schon richtig schwer, denn „Warten und Beobachten", wenn Beute sich bewegt, gehört mit zu den schwierigsten Übungen für einen Hund. Hier legst du bereits den Grundstein für alle späteren Situationen, in denen dein Hund eine flüchtende Beute entdeckt und am liebsten hinterherlaufen möchte. Sollte dein Welpe noch nicht gemeinsam mit dir warten können, sichere ihn wieder durch eine Leine. Doch Vorsicht: Übertreibe diese Übung gerade am Anfang nicht. Warte zunächst nur einen kurzen Augenblick, bevor du die Situation auflöst, indem du deinen Welpen ansprichst, dich von dem Tier abwendest und z. B. ein Beutespiel mit deinem mitgebrachten Spielzeug startest.

Blue lernt das ruhige Warten vor der Beute.

Dorothee belohnt den jungen Labrador Retriever.

Entspannen während des Beobachtens

Kann dein Welpe bereits einen Augenblick mit dir zusammen warten, lobe ihn ruhig dafür. Du kannst auch ein Signalwort, wie z. B. „Ruhig", mehrfach wiederholen, es wirkt dann wie eine intermediäre Brücke. Ein solches sogenanntes „Keep-Going-Signal" sagt dem Hund, dass er noch ein wenig durchhalten und das Verhalten weiter ausführen soll, bevor das Verhalten beendet wird und er seine Belohnung bekommt. Sprich das Wort in einem ruhigen Tonfall aus, sodass dein Hund sich entspannt. Er soll lernen, dass nun eine ruhige Beobachtungssituation beginnt und die Beute, die betrachtet wird, niemals gehetzt und erbeutet wird. Falls dein Hund Streicheln in dieser Situation angenehm findet, kannst du ihn damit noch weiter entspannen und das Warten für ihn positiv gestalten. Streichle ihn aber eher am Rücken oder seitlich am Bauch als von oben über den Kopf, da viele Hunde dies unangenehm finden. Manche Hunde, insbesondere wenn sie Schlappohren haben, entspannen auch sehr gut dabei, wenn du ihre Ohren mit den Fingern vom Ansatz her nach unten ausstreichst. Übe das ruhige Streicheln am Körper und an den Ohren immer auch in anderen Situationen, z. B. wenn dein Welpe gerade entspannt und müde in seinem Körbchen liegt. So weiß er auch in angespannten Situationen wie beim „Warten und Beobachten" genau, dass nun etwas für ihn Angenehmes folgt, und entspannt sich dann schneller.

Wegdrehen und Beenden der Übung

Du kannst deinen Welpen auch mit einem Futterstück für das „Warten und Beobachten" belohnen. Achte aber darauf, dass er hierbei nicht zu aufgeregt ist. Brich daher besser mit der Futtergabe das „Warten und Beobachten" ab, indem du dich vom Tier abwendest. Nutze hierfür ein separates Signal, wie z. B. „Wir gehen". Du stehst oder hockst dazu seitlich neben deinem Welpen. Sprich ihn nun mit seinem Namen an. Schaut er dich an, drehst du dich von ihm weg und machst dazu eine einladende Handbewegung um 180 Grad von der Beute weg. Zu Beginn kannst du dabei in der Hand ein Leckerli halten, sodass dein Welpe deiner Bewegung in jedem Fall interessiert folgen wird. Wirf das Leckeli dann vor deinen Welpen auf den Boden, sodass er nun ein kurzes Jagdspiel durchführen kann, indem er das Futter auf dem Boden sucht. So wird die durch das Beobachten des Tiers begonnene Jagdsequenz für deinen Welpen durch die Jagd auf eine andere Beute beendet. Ist durch das Beobachten Erregung entstanden, kann er diese über die Futtersuche abbauen (siehe S. 115). Dreht sich dein Welpe nach einigen Übungen gut mit dir vom Tier weg, ohne dass du Futter in der Hand hältst, sprichst du gleichzeitig mit der Drehung dein neues Signalwort „Wir gehen" aus. So lernt er, dass dieses Signal das „Warten und Beobachten" der Beute beendet. Du kannst deinen Welpen natürlich dann für das Mitkommen belohnen, indem du ihm ein Leckerli gibst. Alternativ kannst du ihn immer wieder einmal Futter auf dem Boden suchen lassen.

Gemeinsam wenden sich beide von den gefundenen Federn ab.

Wild lässt sich an vielen Orten gemeinsam mit dem Hund beobachten, z. B. schwimmende Enten auf dem See.

Einigen Hunden fällt die Drehung von der Beute weg sehr schwer, da es sich dabei letztlich im ersten Schritt um eine (Dreh-)Bewegung in Richtung der Beute handelt. Kann dein Welpe seinen Impuls, die Beute zu erjagen, bei der Drehung nicht kontrollieren und springt auf die Beute zu, drehst du dich beim nächsten Mal einfach andersherum, sodass du selbst bei der Drehung zwischen der Beute und deinem Welpen bist. Dazu gehst du mit deinem vom Welpen abgewandten Bein einen Schritt vor ihn, bevor du dann die Drehung ausführst. Bestrafe deinen Welpen nicht dafür, wenn er das Beobachten am Ende doch nicht aushalten konnte, die Situation war für ihn einfach noch zu schwer. Da du ihn bei den ersten Übungen noch mit der Leine gesichert hast, hatte er keinen Erfolg und auch das beobachtete Tier wurde nicht gestört. Brich die Übung dann einfach kommentarlos ab und führe zunächst noch einige Übungen an lebloser Beute durch. Starte dann den nächsten Versuch mit einfacheren Bedingungen, indem du z. B. ein Tier auswählst, das dein Welpe nicht so spannend findet, oder indem du den Abstand größer wählst bzw. die Drehung andersherum ausführst.

Wildbeobachtungen genießen

Verlängere Schritt für Schritt die Zeit, in der du das Tier beobachtest. Viele Hunde genießen die gemeinsame Zeit der Wild-Beobachtung richtiggehend, wenn sie gelernt haben, dass sie ganz in Ruhe das Wild beobachten dürfen. Sie wissen, dass diese Jagdsequenz damit endet und können sich daher gut auf die erlaubten Elemente einstellen. Ich finde, es gibt nichts Schöneres, als gemeinsam mit dem Hund im Wald auf einer Lichtung zu sitzen und zu beobachten, wie die Rehe äsend über die Wiese ziehen.

Du kannst deinem Welpen später dann auch das Signal „Sitz“ und/oder „Bleib“ sagen und dich langsam nach hinten von ihm entfernen. Bleibt dein Welpe sitzen, gehst du wieder zu ihm zurück, belohnst ihn und beendest dann das „Warten und Beobachten“. Im letzten Schritt gehst du nicht mehr zu deinem Welpen zurück, sondern forderst ihn mit „Wir gehen“ aus der Distanz zur Fortsetzung des Spaziergangs auf. Alternativ kannst du auch den Rückruf verwenden, diesen musst du natürlich vorab aufgebaut haben (siehe S. 107 ff.). Folgt dein Welpe deinem Rückruf, belohnst du ihn z. B. mit einem Beutespiel oder einer Futtersuche.

Beobachtung von Hasen, Rehen und Enten

Hat dein Hund nach vielen Monaten Training das „Warten und Beobachten“ zuverlässig gelernt, kannst du auch größere Tiere in dein Training miteinbeziehen. Sicherlich wird der Abstand beim Beobachten eines Hasen oder sogar eines Rehs deutlich größer sein als bei einem Käfer, doch für das Training spielt dies keine Rolle. Dein Hund lernt so, dass lebende Beute niemals gehetzt wird, sondern dass er bei dieser Beute immer nur die ersten Elemente des Jagdverhaltens durchführen darf, also Orten, Fixieren und eventuell gemeinsam mit dir Anschleichen. Dadurch ermöglichst du ihm, sein Jagdverhalten auch in Bezug auf „echtes Wild“ zumindest teilweise auszuleben. Und immer bist du es, der entscheidet. Du entscheidest, welche Beute „gejagt“ wird, welche Elemente des Jagdverhaltens ihr durchführt, wie lange ein Element, wie z. B. das „Fixieren“, also das „Warten und Beobachten“, durchgeführt wird, und wann die Jagd beendet ist. Dein Hund lernt durch deine Entscheidungen nicht nur, deinen Signalen zu folgen, sondern auch, dass ihr gemeinsam ein gutes Jagdteam seid und der Jagdausflug mit dir immer ein tolles Erlebnis für ihn ist.

SICHERUNG DES HUNDES!

Immer dann, wenn du lebende Tiere in dein Training miteinbeziehst, musst du sicherstellen, dass diese weder vom Hund getötet noch verletzt werden. Sichere deinen Hund daher so lange durch die Leine, bis er die Übung wirklich zuverlässig beherrscht. Achte aber auch darauf, dass die Tiere nicht allein durch eure Anwesenheit bereits gestresst sind. Eine Maus wird sich z. B. allein durch deinen Hund, der direkt vor ihr steht und sie anschaut, unwohl fühlen. Ein Käfer dagegen wird vermutlich in den meisten Fällen gar nicht mitbekommen, dass ihr beide ihn gerade als Beute für euer Training nutzt. Halte daher immer so viel Abstand, dass das beobachtete Tier sich nicht von dir gestört fühlt und sich z. B. unruhig umschaut oder sogar flüchtet.

Abstand vor Wildgehegen

Nicht selten trainieren Menschen mit jagdlich motivierten Hunden im Wildpark oder aber im Zoo. Das bietet sich scheinbar auch an, denn man hat hier viel Wildkontakt, kann diesen jedoch steuern, da sich das Wild meist in Gehegen hinter einem Zaun befindet. Tatsächlich sind solche in Gehegen lebende Tiere deutlich mehr an den Menschen und den Lärm sowie die Belästigung, die durch die Besucher entsteht, gewöhnt. Dennoch gilt auch hier, dass du immer darauf achten musst, das Wild nicht unnötig zu stressen. Lass deinen Hund also nicht auf den Zaun zubrettern, um zu üben, ihn aus dem Lauf abzurufen. Das Wild würde sich durch den auf den Zaun zupreschenden Hund dennoch erschrecken und flüchten.

Die Jugendzeit

→ Entdecken und erforschen, Gelassenheit erlernen

Hast du mit deinem Welpen erfolgreich die zu ihm passende Beschäftigungsform aufgebaut, gilt es, diese mit dem Junghund weiterzuführen und schwieriger zu gestalten. Das Training muss weiterhin interessant sein. Oftmals sind Junghunde von vielen Außenreizen schnell abgelenkt. Training mitten im Park – war dies mit deinem Welpen noch problemlos möglich und wurde er von vielen Betrachtern bereits als Vorzeigehund betitelt – wird auf einmal nahezu unmöglich. Der Junghund muss alles erkunden, und es gibt so viel Neues, noch nicht Entdecktes und Erforschtes, sodass die Konzentration auf ein bereits bekanntes Training manchmal schwerfällt. Werde dann nicht ungeduldig. Führe mit deinem Junghund Übungen durch, die er spannend findet. Wenn du jedoch merkst, dass ein Training unmöglich ist, weil er zu sehr abgelenkt ist, brich das Training kommentarlos ab. Suche dann einen Ort auf, an dem weniger Umgebungsreize vorhanden sind und gib deinem Junghund Aufgaben, von denen du weißt, dass dieser sie beherrscht und gern ausführt. Versuche nicht, eine solche Situation mit ihm auszudiskutieren, du wirst nur verlieren. Dein Junghund ist in dieser Phase ähnlich wie ein Teenager so mit sich selbst und den Veränderungen durch Pubertät und Hormonumstellung beschäftigt, dass er sich nicht auf dich und deine Wünsche konzentrieren kann. Je weniger Aufhebens du in dieser Phase um solche Situationen machst, desto entspannter wird dein Verhältnis zu deinem Hund auch nach der Pubertät sein. Genauso wie dein Junghund musst du also lernen, gelassen zu bleiben. Warte daher einfach ab, auch dein Hund wird irgendwann einmal erwachsen werden.

Beim Vorstehen hält der Hund eine Pfote angewinkelt …

Unerwünschtes Jagdverhalten verhindern

Damit dein Junghund in dieser Phase aber nicht lernt, dass er dich eigentlich für die Befriedigung seiner jagdlichen Bedürfnisse gar nicht benötigt, solltest du nach Möglichkeit alles verhindern, was dir später einmal zum Verhängnis werden kann. Wenn du also merkst, dass er die Ohren immer öfter auf Durchzug stellt und deine Signale und vor allem deinen Rückruf ignoriert, lass ihn nur noch in gesicherten Situationen, wie z. B. der eingezäunten Wiese, frei laufen. Immer dann, wenn du Bedenken hast, dass dein Junghund doch auf dem Feld dem Hasen hinterherrennen oder aber im Wald die spannende Spur des vor Kurzem

... während er die Beute fixiert. Dabei kann er sich, so wie Mischlingshündin Nelly, auch langsam an die Beute anschleichen.

kreuzenden Rehwilds verfolgen könnte, solltest du ihn an Geschirr und Schleppleine nehmen. So verhinderst du, dass dein Hund sich selbstständig macht und dass er erfährt, wie viel Spaß die Jagd nach echtem Wild machen kann.

Sinne des Junghundes fördern

Der Übergang vom Welpen zum Junghund zeigt sich gerade im jagdlichen Verhalten. Dein Junghund wird sich nun nicht immer nur noch an dir orientieren. Beobachte ihn daher genau. Hat er eine Spur aufgenommen? Schleicht er gerade an eine Beute an? Dann greife seine Jagdinitiative doch auf und starte daraus euer „Entdecker-Jagdspiel“ (siehe S. 83 ff.). Sprich deinen Junghund an und schleiche gemeinsam in Richtung der Beute, die dein Junghund ausgemacht hat. Festige dabei das „Warten und Beobachten“ vor der Beute, und beende das Entdecker-Jagdspiel entweder mit dem Signal „Wir gehen“ oder aber durch ein gemeinsames Beutespiel mit deinem Spielzeug. So lernt dein Junghund, dass auch er Beute aufspüren darf und du dich ihm gern anschließt. Er kommt zum Erfolg, jedoch nicht, indem er selbstständig die Beute hetzt und fängt, sondern indem er mit dir gemeinsam an die Beute anschleicht und dann ein alternatives Jagdspiel gestartet wird. Nimm deinen Hund jedoch ernst und starte das Jagdspiel, egal welche Beute er gefunden hat, auch wenn du die Überreste einer toten Maus vielleicht eher eklig findest.

Vizsla-Rüde Klopfer achtet beim Anschleichen an Beute auf Sarah.

Sobald sie das Signal gibt, wendet er sich ihr zu.

Der erwachsene Hund

→ Ein zuverlässiger Jagdgefährte

Nach der Pubertät folgt die Jungerwachsenenphase, dein Hund möchte nun alles das ausleben, was er in der Welpen- und Junghundezeit erfahren und gelernt hat. Wenn du bis hierher die vorherigen Ratschläge befolgt hast, wird dein Hund begeistert mit dir zusammen auf Beutespiele eingehen und gemeinsam mit dir das „Entdecker-Jagdspiel“ immer weiter ausbauen und verfeinern.

Wenn du beim „Entdecker-Jagdspiel“ das „Warten und Beoachten“ vor der Beute konsequent aufgebaut und belohnt hast, wird dein Hund irgendwann einmal eine Beute aufspüren und davor warten, obwohl du noch gar nicht bei ihm bist. Lobe ihn dann direkt und ermuntere ihn dazu, weiter zu warten, bis du ihm eine Belohnung gegeben hast. Wenn du diesen Schritt erfolgreich geschafft hast, und zwar mehrfach in vielen verschiedenen Situationen und mit unterschiedlicher Beute, wird dein Hund dir zukünftig jede potenzielle Beute durch „Warten und Beobachten“ anzeigen. Freue dich darüber, denn nun seid ihr beide ein perfekt aufeinander abgestimmtes Jagdteam.

Entdecker-Jagdspiel erwachsener Hund

Natürlich kannst du das Entdecker-Jagdspiel auch mit deinem bereits erwachsenen Hund neu aufbauen. Der Aufbau unterscheidet sich dabei im Grunde genommen nicht wirklich von dem mit einem Welpen. Es wird allerdings schwieriger, ein mitgenommenes Spielzeug heimlich zu verstecken, um dich dann mit deinem Hund an dieses anzuschleichen. Je nachdem, wie viel Jagderfolg dein Hund bereits hatte, musst du die Schritte beim Aufbau des Spiels kleiner machen. Achte immer gut darauf, dass dein Hund noch in der Lage ist, sich selbst zu beherrschen, also eine gute Impulskontrolle zu zeigen (siehe S. 96 ff.),

Zur Belohnung, dass Klopfer das Anschleichen auf die Beute abgebrochen hat, darf er den Futterbeutel jagen.

und mit dem Frust, der durch das „Nicht-Hetzen-Dürfen“ entsteht, gut umgehen kann (siehe S. 105 f.). Hast du zu lange gewartet und dein Hund springt in Richtung Tier oder fängt frustriert an, zu jammern oder sogar laut zu bellen, war die Übung zu schwierig für ihn. Falls sich dein Hund auch im Alltag nicht an dir orientiert, fällt es ihm vermutlich schwer, sich dir anzupassen, um z. B. gemeinsam mit dir anzuschleichen bzw. auf deine Signale zu achten, um das Beobachten abzubrechen und vom Tier wegzugehen. Überprüfe dann einmal euren gemeinsamen Alltag. Wie oft trifft dein Hund eine Entscheidung, wie oft entscheidest du? Bist du für ihn ein souveräner, zuverlässiger Partner, der auf seine Bedürfnisse achtet und ihm Sicherheit bietet? Ein professioneller Hundetrainer kann dir dabei helfen, erst einmal die Grundlage für das weitere Training in Bezug auf das Jagdverhalten deines Hundes zu schaffen.

Signal „Schau“

Vor allem das Abwenden von der Beute fällt erwachsenen Hunden, die bisher selbstständig entscheiden konnten, was sie jagen, sehr schwer. Anstelle eines Abwendens kannst du deinen Hund auch erst einmal auffordern, dich anzuschauen. Bringe ihm dazu bei, dich auf ein Signal wie das Wort „Schau“, ein Schnalzen oder auch eine Berührung anzuschauen.

Dazu nimmst du in einer Umgebung mit wenigen Ablenkungen Leckerlis in die Hand, die dein Hund besonders gern mag. Nun wartest du, bis er dich anschaut. Das Anschauen kannst du auch provozieren, indem du dich bewegst, in die Hocke gehst oder rückwärtsläufst. In diesem Augenblick belohnst du deinen Hund z. B. mit einem Lobwort wie „Prima“ und einem Futterstück aus deiner Hand. Dieses kannst du auch über den Boden kullern lassen, sodass sich dein Hund von dir wegbewegen und den Blickkontakt zu dir unterbrechen

Lila und Chrissi beobachten die Gänse auf dem See.

Berührt Chrissi Lila an der Brust, schaut diese sie an.

muss. Schaut er dich erneut an, belohnst du ihn wieder. Nach einigen Wiederholungen fügst du in dem Augenblick, in dem dein Hund dich anschaut, das neue Hörzeichen, also das Schnalzen oder das Wort „Schau" hinzu, sodass er nach einiger Zeit die Handlung Anschauen mit dem Signal verknüpft hat.

Im nächsten Schritt übst du das neue Signal beim „Warten und Beobachten" einer Beute, die dein Hund spannend findet, aber bitte noch nicht bei lebender Beute. Schleiche mit deinem Hund an eine Beute an, die ihr gefunden habt, oder alternativ an eine Beute, die du zuvor versteckt hast. Verharre mit deinem Hund vor der Beute und gib ihm das Signal, zu warten. Beobachte die Beute zusammen mit deinem Hund einen Augenblick. Sprich ihn nun mit dem neuen Signal an und belohne ihn, wenn er den Blick abwendet. Fällt ihm dies schwer, kannst du als zusätzliches taktiles Signal deinen Hund berühren. Streiche ihm einmal kurz vorn über die Brust in Richtung Schulter. Die meisten Hunde reagieren darauf, indem sie nachschauen, was sie berührt hat. Führe die Berührung sanft aus, damit sich dein Hund nicht erschreckt und aufspringt, denn daraus könnte sich dann auch ein Durchstarten in Richtung Beute entwickeln. Da dein Hund nun den Blick von der Beute abgewendet hat, kannst du ihn mit deinem neuen Signalwort ansprechen und ihn zum Blickkontakt auffordern. Belohne ihn, wenn er dich anschaut. Durch die Kombination der Berührung und des darauffolgenden Signals „Schau" wird die Berührung selbst auch zum Signal für das Anschauen. Du kannst diese daher später auch in Situationen nutzen, wo jedes Wort, dass du zu deinem Hund sagst, ein Flüchten des beobachteten Tiers zur Folge hätte. Nachdem dein Hund den Blick von der Beute abgewendet hat, darf er sie gern wieder fixieren bzw. beobachten. Du kannst anfangs erst einmal nur das Blickabwenden üben.

Rechts: „Gucken erlaubt, hinterherlaufen verboten." Gwenllian hat gelernt, Wild entspannt zu beobachten.

Beenden der Übung

Beende die Übungseinheit, indem du deinen Hund mal zur Beute schickst, um diese zu apportieren oder aber indem du die Beute selbst holst. Hat dein Hund diesen Schritt gut gelernt und schaut dich sofort an, wenn du ihn beim „Warten und Beobachten“ ansprichst, kannst du auch den nächsten Schritt gehen und das Abwenden mit ihm üben. Später übst du diesen Ablauf auch bei der Beobachtung lebender Beute.

Eine alternative Hilfe, damit dein Hund lernt, den Kopf abzuwenden, kann auch der Aufbau eines Hand-Touchs sein. Dein Hund lernt hierbei, deine flach ausgestreckte Hand mit seiner Schnauze zu berühren. Er soll dabei so lange mit der Schnauze an der Hand bleiben, bis du die Übung beendest. Dabei soll er der Hand auch folgen, wenn du dich bewegst. So kannst du deinen Hund mithilfe dieses Signals einfach von der Beute wegdrehen und wegführen.

Vorstehhunde beim Entdecker-Jagdspiel

Wenn dein Hund zu einer der Vorstehhunderassen gehört, wird ihm das „Entdecker-Jagdspiel“ besonders leichtfallen, denn das „Vorstehen“ vor einer Beute ist ihm in die Wiege gelegt (siehe S. 55 f.). Wenn dein Hund also beim Stehenbleiben vor der Beute sogar ein Vorderbein anhebt und die Vorstehposition einnimmt, kannst du davon ausgehen, dass die weiteren Schritte einfach werden. Dennoch solltest du auch bei diesen Hunden zusätzlich das längere, gemeinsame „Warten und Beobachten“ der Beute in einer für deinen Hund entspannten Position, wie z. B. im Sitzen, üben. Denn er soll ja auch lernen, beim Anblick von Beute zu entspannen, was in der anstrengenden Vorsteh-Position eher schwierig wird. Auch für diese Hunde ist also nicht nur eine gute Impulskontrolle wichtig, sondern auch der Aufbau einer hohen Frustrationstoleranz.

Impulskontrolle und Frustrationstoleranz

Gerade in letzter Zeit sind die Begriffe Impulskontrolle und Frustrationstoleranz im Hundetraining in aller Munde. Das ist auch nicht verwunderlich, müssen unsere Hunde in einer immer weniger auf sie abgestimmten Gesellschaft doch immer mehr lernen, ihre eigenen Impulse zu unterdrücken und sich selbst zu beherrschen.

Gelassenheit und Ruhe helfen Mensch und Hund zu einem entspannten Alltag miteinander. Und doch ist es genau das, was vielen Hunden so schwerfällt. Aber woran liegt das eigentlich? Ist die Zucht unserer Hunde falsch ausgerichtet, sodass immer weniger Hunde dazu in der Lage sind, Selbstbeherrschung zu zeigen oder sind die Menschen nicht in der Lage, die vorhandenen Anlagen des Hundes richtig zu trainieren?
Um diese Frage beantworten zu können, muss zunächst einmal der Unterschied zwischen Impulskontrolle und Frustrationstoleranz verdeutlicht werden, denn im Gegensatz zu der häufigen Annahme bedeuten sie mitnichten das Gleiche.

Selbstbeherrschung lernen

Impulskontrolle wird auch als Selbstbeherrschung oder Selbstkontrolle beschrieben, in der Psychologie verwendet man auch den Begriff Selbstregulation. **Gemeint ist damit die Fähigkeit, spontanen Reizen oder Bedürfnissen zu widerstehen und die eigenen Reaktionen, aber auch Gefühle, bewusst zu kontrollieren, z. B. zugunsten einer ökonomisch besseren Alternative.** Dazu muss das Individuum in der Lage sein, die Konsequenzen seines Handelns abschätzen zu können.

Der Marshmallow-Test

Ein Beispiel für die Überprüfung der Impulskontrolle ist der Marshmallow-Test von Walter Mischel (1968). Hierbei wurde Kindern im Vorschulalter die Wahl gelassen, entweder eine Schale mit Marshmallows sofort zu essen oder aber zu warten, bis der Versuchsleiter zurückgekommen war, um dann eine größere Menge an Süßigkeiten zu erhalten. Bei einer Überprüfung der Teilnehmenden stellte man Jahre später fest, dass diejenigen Kinder, die sich damals beherrschen konnten und die Marshmallows nicht gegessen hatten, zu Menschen mit einer selbstbewussten, sozialkompetenten Persönlichkeit gereift waren, die gut mit Rückschlägen und Frustration umgehen konnten.
In den sozialen Medien findet man viele Beispiele dieses Tests in leicht abgewandelter Form. Auf einen niedrigen Tisch wird sichtbar für den Hund ein Leckerli hingelegt. Der Mensch spricht ein Verbot aus, der Hund darf sich das Leckerli nicht nehmen. Dann verlässt der Mensch für eine kurze Zeit den Raum. Viele Hunde können sich beherrschen und nehmen das Leckerli nicht, andere warten verunsichert eine Zeit, bevor sie sich dann doch das Leckerli schnappen und wieder andere fressen es, sobald der Mensch die Tür hinter sich geschlossen hat.

Auch beim Fotoshooting mit Martin muss Terrier-Mischlingsrüde Lolek viel Impulskontrolle zeigen.

Woran liegt es, dass Hunde so unterschiedlich abschneiden?

Tatsächlich ist der Unterschied genauso wie beim Menschen zum Teil einfach genetisch bedingt. Je reizempfänglicher und unruhiger dein Hund ist, desto mehr Zeit wirst du für ein Training der Impulskontrolle aufbringen müssen. Doch zu einem Großteil liegt das unterschiedliche Verhalten einfach darin begründet, dass viele Hunde nicht gelernt haben, ihre spontanen Impulse zu beherrschen. Dabei ist die Impulskontrolle auch für den Hund sowohl im Alltag als auch im sozialen Miteinander unumgänglich. Und zwar sowohl im Zusammenleben mit dem Menschen als auch im Kontakt mit Artgenossen. Ein Hund muss lernen, dass er nicht immer jedem Impuls nachgeben kann, denn ansonsten wäre das Leben mit ihm gelinde gesagt mehr als anstrengend: Dein Hund sieht seinen besten Kumpel und springt in die Leine, um ihn zu begrüßen – und kugelt dir dabei die Schulter aus. Du holst ein Leckerli aus deiner Tasche und dein Hund springt an dir hoch und schnappt es aus deiner Hand, um es zu fressen – und beißt dir dabei in die Finger. Ein Hase springt vor deinem Hund auf und flüchtet über das Feld, und dein Hund rennt hinterher – ohne auf deinen Rückruf zu achten.

Impulskontrolle ist also nicht nur in Bezug auf das Jagdverhalten des Hundes von großer Bedeutung. Auch im Umgang mit Artgenossen müssen Hunde lernen, sich zurückzunehmen. Der Labrador, der vor lauter Freude über einen Artgenossen diesen erst einmal über den Haufen rennt, muss lernen, seine Körperlichkeit und Begeisterung im ersten Schritt zurückzunehmen, damit es die Chance auf einen weiteren Kontakt und vielleicht sogar ein ausgelassenes Spiel gibt.

Aufbau von Impulskontrolle

Über den Aufbau des Trainings der Impulskontrolle gibt es viele Theorien. Eine davon besagt, dass du deinem Hund niemals zu viel Impulskontrollübungen hintereinander abverlangen darfst. Die Fähigkeit, Impulskontrolle zu zeigen, nimmt laut dieser Theorie mit jeder Situation, in welcher der Hund sich beherrschen musste, weiter ab. Aus diesem Grund sollte man nicht ständig im Alltag vom Hund verlangen, sich zu beherrschen, indem man den Hund vor dem Futternapf warten lässt, bis er fressen darf, vor der Tür warten lässt, bis der Spaziergang startet, im Auto warten lässt, bis du das Signal zum Herausspringen sagst etc. Denn dann wäre für den Fall, dass ein Hund z. B. am späten Abend auf dem Spaziergang bei einem für ihn schwierigen Reiz Impulskontrolle zeigen muss, wie z. B. beim aufspringenden Hasen, nicht mehr genug von dieser Fähigkeit übrig. Erst nach einer Zeit tiefer Ruhe und Entspannung, also z. B. am nächsten Tag, soll die Fähigkeit wieder aufgeladen sein, sodass der Hund Impulskontrolle zeigen kann. Allerdings gibt es für diese Theorie keinerlei Studien. Vielmehr zeigt sich im Training von Hunden, dass ein ständiges und kleinschrittig aufgebautes Training die Fähigkeit zur Impulskontrolle von Hunden verbessert.

Epagneul Breton Mischlingsrüde Loki bleibt ruhig sitzen, als Martin ihm das Signal „Bleib" gibt.

- Übe daher in vielen verschiedenen Situationen, dass dein Hund lernt, sich zu beherrschen.
- Stelle dazu anfangs eine Reizhierarchie auf und starte mit den Reizen, die für deinen Hund nicht so spannend sind, bevor du mit immer schwierigeren Reizen trainierst.
- Beginne mit einer kurzen Zeit, die dein Hund den Impuls unterdrücken soll und steigere sie langsam.
- Wiederhole die Übungen häufig, bis ein Hund etwas wirklich dauerhaft gelernt hat, sind viele Hunderte Wiederholungen notwendig.
- Übe in den unterschiedlichsten Situationen, denn nur weil dein Hund perfekt vor der Futterschüssel warten kann, heißt das nicht, dass er diese Impulskontrolle auch bei einem vorbeilaufenden Jogger und einem aufspringenden Hasen beherrscht.

Hat dein Hund in einer bestimmten Situation gelernt, sich selbst zu beherrschen, heißt das nicht, dass er dieses Verhalten automatisch auf alle anderen Situationen übertragen kann. Je mehr unterschiedliche Situationen du jedoch mit ihm trainierst, desto eher wird er diese Fähigkeit auch spontan in weiteren Situationen zeigen können. Insbesondere in Bezug auf die Kontrolle des Jagdverhaltens ist es also wichtig, dass dein Hund lernt, sich selbst zu beherrschen: **Stehen bleiben und warten, obwohl direkt vor dem Hund der Hase hochgeht und über das Feld hoppelt; am Seeufer warten, obwohl auf dem See die Entenfamilie vorbeischwimmt, all das kann dein Hund nur dann zuverlässig ausführen, wenn er gelernt hat, sich bewegende Reize auszuhalten.**

Signal „Bleib"

Hierzu sagst du deinem Hund das Signal „Sitz", das du natürlich zuvor aufgebaut haben musst. Nimm im ersten Schritt mehrere Futterstücke in die Hand und füttere deinem Hund diese nacheinander. Dann beende die Übung, indem du einen Schritt auf deinen Hund zugehst und ihm mit einem Handzeichen und dem Hörzeichen „Lauf" signalisierst, dass er aufstehen darf. Beginne zunächst, dich ein wenig auf der Stelle zu bewegen und belohne deinen Hund, wenn er sitzen bleibt. Jetzt machst du einen Wiegeschritt von ihm weg und belohnst ihn, wenn er bei dieser kleinen Bewegung deiner Beine weiterhin ruhig wartet. Nun gehst du den ersten ganzen Schritt von deinem Hund weg. Gehe dann sofort wieder zu ihm zurück und belohne ihn. Schritt für Schritt kannst du jetzt die Entfernung zu deinem Hund steigern. Zudem kannst du das Hörzeichen „Bleib" sowie ein Sichtzeichen, wie z. B. die senkrecht gehaltene flache Hand, hinzufügen. Steht dein Hund doch einmal auf, bringe ihn wieder zurück und starte die Übung von vorn. Verringere dieses Mal aber die Distanz, denn dein Hund sollte jetzt Erfolg haben.

Zur Belohnung bekommt Loki ein ganz besonderes Leckerli.

Für den elf Monate alten Dobermann Morpheus ist es eine große Ablenkung, wenn Melle um ihn herum hüpft.

Ablenkungen steigern

Nun beginnt das eigentliche Training der Impulskontrolle. Steigere die Ablenkung. So kannst du deinen Hund z. B. umrunden, du kannst auf der Stelle hüpfen oder dich schnell laufend oder hüpfend um ihn herumbewegen. Hocke dich einfach einmal hin oder lege dich auf den Boden. Sei kreativ, alles ist erlaubt. Aber steigere die ablenkenden Reize immer nur in kleinen Schritten, dein Hund soll Erfolg haben und die Reize aushalten können. Du kannst nun auch Ablenkung durch andere Menschen oder andere Hunde hinzufügen. Bitte einen Helfer, an deinem Hund vorbeizulaufen. Später kann dieser noch einen Hund mit sich führen oder aber den Hund an deinem Hund vorbei abrufen. Auch kannst du Ablenkung durch Futter oder Gegenstände hinzufügen. Lege einen Gegenstand aus, belohne deinen Hund und sammle diesen wieder ein. Anfangs darf dein Hund den Gegenstand noch nicht apportieren. Im weiteren Training wirfst du die Gegenstände rund um deinen Hund aus. Du kannst z. B. auch einen Ball vor ihm herkullern oder aber direkt vor ihm auftitschen lassen. Später darf dein Hund ab und an auch einen der Gegenstände holen, dies erhöht die Spannung. Denn wenn nie etwas passiert, wenn man niemals aktiv sein darf, wird das Training schnell langweilig. Dann kann zu viel Impulskontrolltraining auch dazu führen, dass dein Hund komplett abschaltet. Die Reizangel kannst du ebenfalls nutzen, um das Training der Impulskontrolle zu steigern. Lass deinen Hund dazu sitzen, während du anfangs die Reizangel langsam vor ihm auf und ab bewegst. Später bewegst du diese immer schneller. Stehe anfangs dabei deinem Hund gegenüber, denn so zeigst du ihm deine Körperfront und signalisierst ihm, dass du ihn kontrollierst. Zusätzlich kannst du das Sichtzeichen für „Bleib" deutlich sichtbar zeigen. Später stehst du neben deinem Hund und schwingst die Reizangel komplett um dich und deinen Hund herum.

Pausen schaffen

Die bisher beschriebenen Übungen zur Impulskontrolle kannst du gezielt in dein tägliches Training einbauen. Aber übertreibe es nicht, denn es ist für deinen Hund sehr anstrengend, sich zurückzuhalten. Gönne ihm nach einem anstrengenden Impulskontrolltraining eine Pause, in der er frei laufen und die angestaute Energie abbauen kann. Denn dein Hund muss ja nicht nur bei diesem Training lernen, sich zu beherrschen, auch im Alltag gibt es unendlich viele Situationen, in denen du von deinem Hund Impulskontrolle verlangst.

Ruhig warten, bis es losgeht

Du brichst zum morgendlichen Spaziergang auf und nimmst die Leine in die Hand. Aus Vorfreude umkreist dein Hund dich bellend, hüpft vor dir hoch, springt dich vielleicht sogar an? Warte, bis er ruhig wird, sich vielleicht sogar hinsetzt, damit du ihn anleinen kannst. Auch hierbei kannst du das Training schrittweise steigern. Anfangs genügt es, wenn dein Hund kurz ruhig vor dir steht, später einmal soll er länger warten, bis du z. B. deinen Mantel angezogen hast. Natürlich kannst du deinem Hund beim Anleinen das Signal „Sitz und Bleib" geben, ihn dann anleinen und losgehen. Dein Hund lernt damit als alternatives Verhalten sich hinzusetzen und zu warten, jedoch wird er immer noch in einer großen Anspannung sein. Du kannst mithilfe der Impulskontrolle jedoch auch trainieren, dass dein Hund lernt, generell in einer für ihn aufregenden Situation zu entspannen. Wenn du beim Anleinen also z. B. wartest, bis er von selbst ruhig wird, bevor du die Leine am Halsband befestigst, lernt er, dass Ruhe als alternatives Verhalten belohnt wird. Nimm dazu die Leine in die Hand und warte, bis dein Hund ruhig ist. Das unruhige Verhalten deines Hundes vorher ignorierst du einfach komplett. Lobe deinen Hund, wenn er ruhig ist, mit einem Leckerli und/oder einem Lobwort und hänge die Leine wieder weg. Wiederhole dies mehrfach, bis dein Hund entspannt wartet, wenn du die Leine in die Hand nimmst. Jetzt brauchst du deinen Hund für das ruhige Warten nicht mehr separat zu belohnen, denn die Belohnung ist der nun folgende Spaziergang. Du leinst deinen Hund also an und startest euren Ausflug. So wird der Start des Spaziergangs zum Verstärker der vorher gezeigten Ruhe. Dein Hund lernt in dieser Situation, dass ruhiges, entspanntes Verhalten zum Ziel führt. Entsprechend kannst du in vielen weiteren Situationen trainieren.

Mischlingshündin Mogli zeigt eine sehr gute Impulskontrolle, als Lena ein Schweineohr wirft.

Golden Retriever-Hündin Lila bleibt ruhig liegen, wenn Chrissi die Beute an der Reizangel bewegt.

Warten an der Tür und Straße

Dein Hund soll nicht an dir vorbei durch die Tür auf die Straße stürmen? Warte, bis dein Hund ruhiges Verhalten zeigt und öffne die Tür ein kleines Stück. Sobald er sich in Bewegung setzt, stoppst du das Öffnen der Tür oder schließt diese sogar wieder. Achte aber bitte darauf, dass du deinen Hund dabei nicht verletzt. Es geht schließlich nicht darum, durch das Hinzufügen eines Strafreizes deinem Hund das Verhalten unangenehm zu machen. Du verhinderst nur, dass er aus der Tür stürmen kann. Anfangs wird er dich verwundert anschauen und abwartend stehen bleiben. Daraufhin öffnest du die Tür wieder. Dies wiederholst du so lange, bis dein Hund wartet, obwohl die Tür offen ist. Zunächst kannst du ihn nun wieder für das ruhige Warten mit einem Leckerli oder einem Lobwort belohnen. Auf ein wildes Spiel zur Belohnung solltest du in diesem Fall verzichten, denn das würde deinen Hund nur wieder in eine hohe Erregungslage bringen. Nach dem Lob beendest du das Training, ihr geht also anfangs noch gar nicht durch die Tür hindurch. Nach einigen Wiederholungen kannst du ab und an auch nach der Belohnung mit deinem Hund durch die Tür hindurchgehen und zum Spaziergang starten. Hat er gelernt, welches Verhalten du von ihm erwartest, kannst du auch ohne eine separate Belohnung mit ihm durch die Tür gehen. Der nun folgende Spaziergang wird dann Belohnung für das vorher gezeigte Verhalten. Ähnlich kannst du das Training beim Überqueren der Straße aufbauen. Hier soll er ruhig neben dir warten, bis du das Signal zum Weitergehen gibst, damit er nicht überfahren wird, wenn ein Auto vorbeifährt. Trainiere aber bitte nicht alle unterschiedlichen Situationen auf einmal, da du deinen Hund sonst überforderst.

Impulskontrolle im Alltag: Loki hat gelernt, zu warten, bevor er durch die Haustür nach draußen geht.

Aussteigen aus dem Auto

Beim Aussteigen aus dem Auto besteht der Unterschied zum Durchschreiten der Tür darin, dass du dich bereits außerhalb vom Auto befindest, dein Hund jedoch noch im Auto sitzt und wartet. Öffnest du nun den Kofferraum oder die Autotür, kannst du eine erste Bewegung deines Hundes gar nicht wahrnehmen, um den Kofferraum wieder zu schließen. Daher kommt eine Reaktion meist viel zu spät, sodass die Gefahr besteht, dass dein Hund es schafft, sich durch den inzwischen etwas größeren Spalt zu quetschen. Somit konnte er den Impuls, sofort aus dem Auto herauszuspringen, ausführen – das Gegenteil von dem, was du eigentlich mit dem Training erreichen willst. Leine deinen Hund im Kofferraum an seinem Geschirr an, sodass er bei offener Kofferraumklappe nicht herausspringen kann. Öffne die Klappe ein wenig und sage ihm das Signal „Bleib". Dieses kannst du mit der Hand auch durch das Fenster in der Kofferraumklappe signalisieren. Bleibt dein Hund sitzen, kannst du die Klappe ein Stück weiter öffnen und ihn für das Bleiben belohnen. Übe dies mehrfach, bis du die Klappe vollständig öffnen kannst. Trainiere dann auch auf einer gesicherten

Impulskontrolle im Alltag: Lolek hat gelernt, ruhig in der Box zu warten, bevor er aus dem Auto springt.

Impulskontrolle im Alltag: Mischlingshündin Bella hat gelernt, vor der gefüllten Futterschüssel zu warten.

Fläche, wie z. B. auf einem umschlossenen Hof, mit deinem nicht angeleinten Hund. Ein Hund, der zuverlässig sitzen bleibt, bis du ihm das Signal zum Herausspringen gibst, läuft nicht Gefahr, überfahren zu werden. Übe daher im nächsten Schritt, dass du dich bei geöffnetem Kofferraum von deinem Hund entfernst, anfangs nur ein paar Schritte, später auch einmal kurz außer Sicht. Bewege dich hüpfend, lass einen Ball oder Leckerlis auf den Boden vor dem Kofferraum fallen, sei kreativ, denn dein Hund wird später umso sicherer im Kofferraum sitzen bleiben und warten. Schließe während der Übungseinheit den Kofferraum mehrfach, damit dein Hund nicht schon angespannt darauf wartet, dass er herausspringen darf.
Bei der Fütterung kannst du ebenfalls die Impulskontrolle deines Hundes trainieren. Nimm den Napf in die Hand. Dein Hund hüpft und springt an dir hoch? Warte einfach. Ist dein Hund ruhig, belohnst du ihn dafür. Stelle den Napf wieder weg und nimm ihn kurze Zeit später wieder in die Hand. Nach einigen Wiederholungen stellst du den Napf dann auf den Boden, wenn dein Hund ruhig wartet.

Nino bellt, damit Petra den Ball wirft. Sie ignoriert ihn.

Sobald Nino ruhig ist, wendet sich Petra ihm zu.

Weiteres Alltagstraining

Auch beim Spiel mit dem Ball kannst du mithilfe der Impulskontrolle ruhiges Verhalten deines Hundes trainieren. Ist dein Hund sehr aufgeregt, sobald du den Ball aus der Tasche herausholst und beginnt zu bellen, passiert erst einmal nichts. Du hältst den Ball einfach in der Hand oder steckst ihn wieder in die Tasche. Dann wartest du so lange, bis dein Hund ruhiges Verhalten zeigt. Erst dann holst du den Ball wieder heraus und wirfst ihn.

Hat dein Hund gelernt, sich in all diesen Situationen selbst zu beherrschen, wird dies nicht nur dazu führen, dass er grundsätzlich im Alltag gelassen bleibt, es wird dir auch eine große Hilfe in Bezug auf unerwünschtes Jagdverhalten sein. Beim „Entdecker-Jagdspiel“ (siehe S. 83 ff.) trainierst du mit deinem Hund bereits gezielt die Impulskontrolle sowie das alternative Verhalten vor Beute. Dein Hund lernt hier, nicht hinterherzurennen, sondern ruhig gemeinsam mit dir zu warten und die Beute zu beobachten. Habt ihr viele solcher Situationen auf dem Spaziergang, aber auch im Alltag trainiert, wird dein Hund in spontan auftretenden Situationen das von dir erwünschte Alternativverhalten zeigen. So wird er auf dem Spaziergang, wenn plötzlich der Hase genau vor ihm aufspringt und wegläuft, erst einmal dich anschauen. Er hat gelernt, dass das Verfolgen von Beute nicht immer erwünscht ist und es sich für ihn lohnt, alternatives Verhalten zu zeigen. Natürlich musst du einen jagdlich sehr stark motivierten Hund immer im Auge behalten. Dennoch erleichtert es den gemeinsamen Spaziergang ungemein, wenn dein Hund bereits von sich aus die Bereitschaft zu erwünschtem alternativem Verhalten anbietet.

Zur Belohnung wirft Petra den Ball und Nino darf direkt hinterherrennen, um den Ball zu fangen.

Unerfüllte Erwartungen

Frustrationstoleranz beschreibt die Fähigkeit eines Individuums, Rückschläge zu ertragen, mit nicht erfüllten Erwartungen und Enttäuschungen umzugehen sowie negative Gefühle auszuhalten. Du sitzt abends vor dem Fernseher und willst entspannen. Dein Hund kommt mit einem Ball an, den er dir vor die Füße legt, er möchte gern beschäftigt werden, du sollst ihm das Spielzeug endlich werfen. Natürlich gehst du auf eine solche Forderung deines Hundes nicht ein und ignorierst ihn, indem du gelassen weiter deinen Film schaust. Dein Hund beginnt nun frustriert darüber, dass du den Ball nicht wirfst, zu bellen.
In diesem Fall hilft dir dein Training zur Impulskontrolle nicht weiter, denn wenn du deinen Hund in dieser Situation ansprichst und von ihm verlangst, sich hinzusetzen oder ruhig zu bleiben, fühlt er sich zum einen bestätigt in seiner Forderung, denn immerhin hast du reagiert. Zwar hast du nicht so reagiert, wie er sich das vorgestellt hat, also das Spielzeug geworfen, aber immerhin gab es eine Reaktion. „Menschen brauchen halt, bis sie verstehen, was ihr Hund von ihnen will!" könnte er sich denken. Er setzt sich also hin, bellt aber weiterhin. Vielleicht bleibt er aber sogar ruhig sitzen. Doch wenn du ihn nun für das ruhige Sitzen belohnst, vielleicht sogar nicht nur mit einem Leckerli, sondern sogar mit dem Wurf des Spielzeugs, hat er indirekt durch sein Bellen sein Ziel erreicht, wenn auch auf Umwegen.
Was kannst du also tun? Nichts! Genau, nichts! Dein Hund muss durch diese Situation durch, er muss lernen, die negativen Gefühle und den Frust zu ertragen. Irgendwann wird er merken, dass er mit seinem Verhalten nichts erreicht. Der Frust lässt nach und er ist wieder in der Lage, anders zu reagieren. Vielleicht legt er sich hin und spielt selbst mit dem Ball oder er zieht sich zurück und legt sich in sein Körbchen. Natürlich ist es nicht schön, ein so negatives Gefühl zu durchleben. Doch man kann im Leben nicht immer das bekommen, was man gerade möchte.

Das Leben besteht nicht nur aus spannender Aktivität. Wenn nichts passiert, ist ruhiges Warten angesagt.

Frustration aushalten

Lebt ein soziales Lebewesen mit anderen zusammen, muss es immer auch die Bedürfnisse der anderen beachten. Da auch Hunde in ähnlichen sozialen Strukturen wie wir Menschen leben, kennen auch sie den Umgang mit Frustration, sie gehört zu ihrem Leben genauso dazu wie zu unserem. Dein Hund muss also lernen, frustrierende Situationen durchzustehen. Er muss lernen, dass das negative Gefühl, dass er dabei empfindet, nach einiger Zeit von selbst wieder vergeht. Genauso wie das an der Supermarktkasse schreiende Kind lernen muss, dass es mit seinem Verhalten nicht erreichen wird, den Schokoriegel zu bekommen, muss auch der Hund lernen, mit Enttäuschungen klarzukommen. Je mehr solcher Situationen er durchlebt, desto besser wird er in Zukunft mit Frustration klarkommen. Achte daher von Welpe an darauf, deinem Hund nicht immer alle seine Wünsche und Bedürfnisse zu erfüllen. Natürlich reden wir nicht davon, dass dein Hund Hunger oder Durst leiden soll, selbstverständlich musst du ihn artgerecht halten und versorgen. Dennoch, nur weil er dreimal hintereinander von dir die Reste deiner Pizza bekommen hat, heißt das nicht, dass er diese auch beim vierten Mal bekommt. Sitzt er also beim Pizzaessen schon neben dir, mit langen Sabberfäden am Maul, isst du deine Pizza entweder selbst auf oder bringst die Reste kommentarlos in die Küche. Läuft er nun aufgeregt zwischen dir und der Pizza in der Küche hin und her, ignorierst du ihn einfach. Irgendwann wird er sich damit abgefunden haben, dass er die Pizza heute nicht bekommt. Mach nun aber nicht den Fehler, und gib ihm die Reste, sondern iss diese am nächsten Mittag selbst. Dem an der Supermarktkasse nach dem Schokoriegel schreienden Kind würdest du ja auch nicht an der nächsten Eisdiele zur Belohnung dafür, dass es irgendwann aufgehört hat zu schreien, ein Eis kaufen.

Im Gegensatz zur Impulskontrolle, bei welcher der Hund lernt, sich für einen (kurzen) Augenblick zurückzuhalten, bis er eine Belohnung bekommt, bzw. ein bestimmtes Verhalten nicht auszuführen und stattdessen ein anderes Verhalten zu zeigen, um eine Belohnung zu bekommen, muss der Hund bei der Frustrationstoleranz lernen, mit unerfüllten Erwartungen und Wünschen umzugehen.

Der perfekte Rückruf

Auch wenn du das Training mit deinem Hund gut aufbaust, kann es immer passieren, dass du zu spät reagierst oder die Verlockung so groß für deinen Hund ist, dass er unerwünscht jagen geht. In diesem Fall musst du deinen Hund von der unerwünschten Jagd abrufen oder abstoppen können.

Zum Abrufen eignet sich eine Hundepfeife, da sie weit und deutlich – auch unter Ablenkung – hörbar ist. Zudem ist der Pfiff einigermaßen neutral, der Hund bemerkt nicht die Anspannung und Angst, die beim Abrufen mit einem Hörzeichen in Gefahrensituationen schnell deutlich wird. Ideal sind Pfeifen in einer bestimmten Tonlage, die im Fall des Verlustes einfach nachgekauft werden können. Sind mehrere Familienmitglieder mit dem Hund unterwegs, kann jeder seine eigene Pfeife haben, ohne dass sich das Signal für den Hund verändert.

Einsatz der Pfeife

Als Rückruf-Pfiff eignen sich zwei oder drei kurze Pfiffe, die direkt hintereinander gegeben werden. Mehrere kurze Pfiffe haben auffordernden Charakter für den Hund und motivieren ihn eher, in deine Richtung zu kommen, als ein einzelner langer Pfiff.

— Starte zunächst in ablenkungsfreier Umgebung, dein Hund darf frei herumlaufen, das Gelände sollte nicht zu groß sein.
— Locke deinen Hund zu dir, entweder durch Geräusche, wie Schnalzen, oder indem du dich hinhockst oder auch ein paar Schritte rückwärtsgehst.
— Kommt dein Hund auf dich zugelaufen, belohnst du ihn mit einer besonders begehrten Belohnung und lässt ihn wieder frei laufen.
— Kommt er nach einigen Wiederholungen freudig zu dir gelaufen, gibst du das neue Signal, also den Pfiff, kurz bevor dein Hund bei dir ist. Dadurch, dass du anfangs pfeifst, kurz bevor er bei dir angekommen ist, verringerst du die Gefahr, dass er doch noch durch etwas anderes abgelenkt wird und wieder wegläuft.
— Nun pfeifst du immer früher, bis der Pfiff zum Signal für das Kommen etabliert ist.
— Steigere die Ablenkung, indem du deinen Hund in schwierigeren Situationen und Gegenden mit dem Pfiff zu dir rufst. Baue die Ablenkung aber in kleinen Schritten auf, dein Hund soll nach Möglichkeit nie erfahren, dass er dieses Signal ignorieren kann.
— Ist dein Hund bei dir angekommen, darf er sich erst wieder entfernen und frei laufen, wenn du ihn freigibst, indem du z. B. das Signal „Lauf" sagst. Dazu gehst du einen Schritt in seine Richtung, machst eine auflösende Handbewegung und sagst das Signalwort für den Freilauf.

Abrufen vor einem Gegenstand

Funktioniert das Abrufen in schwierigeren Situationen, kannst du es auch beim Apportiertraining (siehe S. 126 ff.) einsetzen. Du kannst deinen Hund z. B. auf dem Weg zu einem Gegenstand, den er apportieren soll, abpfeifen. Wirf dazu den Gegenstand weit weg. Stelle dich anfangs zwei bis drei Meter von deinem Hund entfernt, zwischen ihn und den Gegenstand. Schicke nun deinen Hund in Richtung Gegenstand. In dem Augenblick, in dem er an dir vorbeiläuft, pfeifst du. Du musst jetzt die Belohnung direkt griffbereit haben, damit du deinen Hund in diesem Augenblick auch sofort belohnen kannst. In weiteren Schritten pfeifst du deinen Hund, wenn er gerade an dir vorbeigelaufen ist, wenn er ein größeres Stück an dir vorbeigelaufen ist bzw. wenn er kurz vor dem Gegenstand angekommen ist. Zudem verkürzt du die Distanz zu deinem Hund immer mehr, bis du direkt neben ihm stehst. Nach dem Abpfeifen wirfst du deinem Hund entweder einen anderen Gegenstand, den er holen darf, oder du schickst ihn erneut zum ersten Gegenstand, den er nun natürlich bringen soll.

Mit ähnlichem Trainingsaufbau kannst du auch das Abpfeifen während der Hetze mit der Reizangel üben (siehe S. 137 ff.). Hierzu wählst du anfangs noch eine Situation, in der dein Hund gerade das Tempo vermindert oder durch einen Richtungswechsel kurz innehält, später soll er dann aber auch mitten in der Hetze diese abbrechen und zu dir kommen.

Auch aus der Suche oder von einer Spur kannst du deinen Hund nun im Training abpfeifen (siehe S. 140 ff.). Warte auch hierbei anfangs auf einen Moment, in dem dein Hund sowieso gerade innehält oder sich bei der Suche eher in deiner Nähe und nicht direkt bei einem versteckten Gegenstand befindet. Später soll er jederzeit ansprechbar und abrufbar sein.

Heike wirft den Futterbeutel nach vorn, während Mischlingshündin Luna ruhig neben ihr wartet.

Sobald Heike Luna das Signal zum Apportieren gibt, läuft diese begeistert Richtung Futterbeutel.

Rückruf beim Jagen

Du hast nun einige Wochen lang den Rückruf aufgebaut und darauf geachtet, dass du deinen Hund wirklich immer nur dann rufst, wenn du zu 99 % sicher bist, dass er auch kommt. Das ist wichtig, um zu vermeiden, dass dein Hund lernt, dass er den Rückruf auch ignorieren kann. Nachdem er in einfachen Situationen zuverlässig auf den Rückruf zu dir kommt, hast du das Training in Gebieten mit stärkerer Ablenkung, aber noch ohne Reize von Wild durchgeführt. Zudem hast du auch die Kombination des Abrufens von Reizen wie einem Dummy oder der Reizangel geübt. Nun bist du soweit, dass du den Pfiff im Alltag und auch in Situationen mit Wildkontakt einsetzen kannst. Vielfach hört man den Ratschlag, den Rückruf wirklich nur in Situationen mit Wildkontakt einzusetzen. Doch das ist wenig sinnvoll, denn im Idealfall erkennst du ja bereits sehr früh, dass dein Hund zur Jagd durchstarten will (siehe S. 157), und sprichst ihn an bzw. nimmst ihn in solchen Situationen direkt an die Leine. Zudem führst du parallel alle weiteren Trainingsschritte des Antijagdtrainings durch (siehe S. 149 ff.), sodass dein Hund sich auf dem Spaziergang inzwischen viel an dir orientiert, seine Jagdleidenschaft mit dir gemeinsam befriedigt und eigenständige Jagdversuche kaum noch stattfinden. Du würdest den Rückruf daher wirklich nur sehr selten anwenden. **Doch was man kaum trainiert, nutzt sich ab bzw. gerät in Vergessenheit. Übe den Rückruf daher immer wieder zwischendurch auf dem Spaziergang in den unterschiedlichsten Situationen.**

Achte darauf, dass du deinen Hund nicht nur dann rufst, wenn euch andere Menschen oder Hunde entgegenkommen oder du ein Reh auf der Wiese siehst bzw. die Kaninchen weiter vorn über den Weg hoppeln. Sonst passiert es nämlich

Kurz vor dem Futterbeutel pfeift Heike Luna zurück. Sie dreht sofort um und lässt den Beutel liegen.

Zur Belohnung für diese schwierige Übung bekommt Luna besonders begehrte Leckerlis.

schnell, dass dein Rückruf für deinen Hund zur Ankündigung einer besonderen Situation wird und er, anstatt sich auf der Stelle umzudrehen, erst einmal die Umgebung scannt, um zu überprüfen, was der Grund für deinen Rückruf war. Nutze also immer wieder auch viele ganz entspannte Situationen. Rufe deinen Hund ab, wenn er weit vor dir ist, aber auch, wenn er nur ein paar Meter vor dir auf dem Weg läuft und auch, wenn er hinter dir zurückbleibt. Rufe ihn, wenn er gerade interessiert an einer Stelle schnüffelt, wenn er einen krabbelnden Käfer beobachtet, aber auch, wenn er nur abwartend herumsteht und gerade nicht aktiv ist.

Die richtige Belohnung

Passe die Belohnung entsprechend der Rückrufsituation an. Nach wie vor sollte es für den Rückruf immer eine Belohnung geben, die dein Hund gern mag. Du kannst aber z. B. für einen Rückruf aus einer entspannten Situation deinen Hund mit einem „normalen", aber begehrten Leckerli belohnen, für einen Rückruf aus einer schwierigeren Situation, wenn er z. B. intensiv an einer Stelle schnüffelt, holst du dagegen die Tube mit Leberwurst heraus. Wenn du deinen Hund aus einer Jagdsequenz abpfeifen konntest, wenn er also z. B. gerade dem Kaninchen hinterherhetzen wollte, auf deinen Pfiff abdreht und zu dir kommt, ist das wirklich eine richtig tolle Leistung, die du entsprechend belohnen solltest. Futter wirkt in einer solchen Situation häufig nicht stark belohnend für den Hund, da sein Körper ja gerade auf etwas ganz anderes eingestellt war. Nahrungsaufnahme spielt jetzt keine Rolle, das ganze System deines Hundes war auf Aktivität, auf Hetzen und Jagen eingestellt. Nutze in dem Fall eine zur eigentlich vorgesehenen Aktion deines Hundes passende Belohnung. Du kannst z. B. ein kurzes Hetzspiel mit einem an einer etwas längeren Schnur befindlichen Beute starten. So kann dein Hund die aufgebaute Energie während des Spiels abbauen und wird auch in Zukunft gern auf deinen Rückruf hören. Alternativ kannst du auch Futterbrocken werfen, denen dein Hund hinterherhetzen darf. Auch ein Zerrspiel kann eine gute Alternative zum Beutemachen sein. Wirfst du deinem Hund einen Gegenstand, steht das Zurückbringen jetzt nicht an erster Stelle. Wenn dein Hund den Gegenstand also leidenschaftlich schüttelt, darf er dieses Element des Jagdverhaltens mit seiner Ersatzbeute gern ausleben. Genauso kann das Zerreißen von Papiertüten, um an Futterstücke zu gelangen (siehe S. 145), eine passende alternative Belohnung sein. Variiere die Belohnung immer wieder, so bleibt das Training für deinen Hund spannend. Eine überraschende Belohnung ist höherwertiger als eine immer gleiche, erwartete!

Den Hund im Blick behalten

Lerne, deinen Hund gut zu beobachten. Du musst bereits die ersten Sequenzen des Jagdverhaltens bei ihm erkennen, also das Orten, Fixieren und Anschleichen (siehe S. 36 ff.). Spätestens beim ersten Ansatz, dem Tier hinterherzulaufen oder aber die Spur aufzunehmen, musst du deinen Hund rufen. Ist er bereits mitten in der Hetze, hast du kaum eine Chance, dass er noch auf deinen Rückruf reagiert, denn dann sind Kopf und Körper deines Hundes bereits voll und ganz im Jagdmodus.

Vor jedem Training erklärt Martin, warum eine Übung wichtig ist und wie sie durchgeführt werden soll.

Tracker und Registrierung

Du solltest deinen Hund zwar immer nur dann zurückrufen, wenn du zu 99 % sicher bist, dass er kommt. Auch den Freilauf solltest du ihm nur dann gewähren, wenn du dir sicher bist, dass die Ablenkungen für ihn noch nicht zu viel sind. Doch was ist, wenn es passiert und dein Hund rennt doch dem Wild hinterher? Versuche ruhig zu bleiben. Reagiert dein Hund auch auf einen zweiten, maximal dritten Pfiff nicht, brauchst du nicht weiter hinter ihm herzupfeifen oder zu rufen. Warte an der Stelle, an der dein Hund durchgestartet ist, denn meist kommt er wieder an den Ort zurück, an dem er dich verlassen hat. Gefährlich wird es, wenn dein Hund mit Schleppleine auf der Jagd ist, da diese im Gebüsch hängenbleiben kann, sodass er nicht mehr freikommt. Dein Hund sollte daher immer einen GPS Tracker am Halsband oder Geschirr tragen, sodass du ihn im Notfall orten und wiederfinden kannst. Selbstverständlich sollte dein Hund auch in einem Haustierzentralregister eingetragen sein, damit ein Finder durch Auslesen des Mikrochips deines Hundes deine Adresse herausfinden und dich informieren kann. Hilfreich kann auch eine auf dem Halsband oder Geschirr angebrachte Telefonnummer sein oder alternativ ein Anhänger mit einer eingravierten Telefonnummer.

Susanne und Arthur sind ein tolles Team, Arthur achtet auf dem Spaziergang immer auf Susanne.

Abstoppen mit der Pfeife

Das Abstoppen wird ähnlich wie das Abrufen aufgebaut. Du kannst hierzu ebenfalls die Pfeife benutzen. Als Pfiff eignet sich eher ein lang gezogener einzelner Pfiff. Ein Hund, der gerade schnell und jagend unterwegs ist, würde einen kurzen Pfiff vermutlich gar nicht bemerken. Überlege dir zunächst, was dein Hund machen soll, wenn der Stopp-Pfiff ertönt. Soll er sich hinlegen, hinsetzen oder nur stehen bleiben? Das „Steh“ ist für viele Hunde riskant, da die Versuchung, doch weiterzulaufen, aus dem Stehen heraus relativ groß ist. „Down“ dagegen ist eindeutig ein Ruhesignal, zudem hat der Hund keine gute Übersicht mehr über das Gelände, sodass Kontakt zu Wild gegebenenfalls unterbrochen wird. Jäger bauen daher sogar das „Down“ mit abgelegtem Kopf auf, allerdings muss man hierbei bedenken, dass der Hund nun Gerüche viel besser wahrnehmen kann! Jedoch brauchen einige Hunde relativ lange, bis sie liegen, gerade wenn sie schon älter oder körperlich eingeschränkt sind. „Sitz“ ist ebenfalls eine eindeutig verharrende Position, die die meisten Hunde relativ schnell einnehmen. Probiere es einfach aus. Hier gilt wieder: **Jeder Hund ist individuell und du solltest die für deinen Hund passende Position wählen.**

Aufbau des Stopp-Pfiffs

Beginne das Training, wenn sich dein Hund im Freilauf befindet. In einem Augenblick, in dem er nicht weit von dir entfernt ist, sprichst du ihn an. Jetzt gibst du das neue Signal, den langen Pfiff. Direkt danach kannst du das entsprechende Signal für das Verhalten geben, das dein Hund ausführen soll, also z. B. „Sitz“. Da man jedoch nach dem Pfiff in der Regel nicht sofort sprechen kann, bietet es sich an, ein Sichtzeichen mit deiner Hand zu nutzen. Die meisten Hunde kennen für die Signale „Steh“, „Sitz“ und „Down“ bereits ein Sichtzeichen. Dieses kannst du nun parallel zum bzw.

direkt nach dem Pfiff verwenden. Setzt sich dein Hund, belohnst du ihn dafür. Nach mehreren Wiederholungen hat er verknüpft, dass der Pfiff offensichtlich das Gleiche bedeutet wie das Signal für „Sitz“ und du kannst das Handzeichen weglassen. Natürlich könntest du auch erst „Sitz“ sagen oder zeigen und dann pfeifen. Bei dieser Reihenfolge besteht jedoch die Gefahr, dass dein Hund nach dem Signal „Sitz“ bereits das erwünschte Verhalten ausführt und dabei das neue Signal, den langen Pfiff, nicht mehr richtig wahrnimmt. Wiederhole diese Übung einige Male und vergrößere dann den Abstand zu deinem Hund, bevor du das Signal gibst.

Erwartungshaltung abbauen

Sollte sich dein Hund nicht mehr von dir entfernen, da er in der Erwartungshaltung auf das neue Signal ist, kannst du ein Wurfspiel in das Training einbauen. Nimm dafür größere Käsewürfel, die dein Hund gut auf dem Boden sehen kann, denn er soll den Käse nach dem Wurf nicht noch lange suchen müssen. Käse eignet sich gut, da dein Hund die gelb-weiße Farbe in der grünen Wiese sehen kann. Nimm einen Käsewürfel in die Hand und halte ihn über deinen Kopf. Wirf den Käse von dort aus über deinen Hund hinweg, der Käse darf ruhig ein ganzes Stück fliegen. Dein Hund soll jetzt direkt hinterherrennen und den Käse fressen. Warte, bis er danach wieder zu dir gekommen ist und wiederhole die Übung einige Male. Im nächsten Schritt täuschst du das Werfen nur an, der Käse in deiner Hand fliegt also nicht wirklich. Da du aber immer von oben geworfen hast, kann dein Hund dies nicht sofort erkennen. Er wird in Erwartung des Wurfs in die angedeutete Richtung rennen, den Käse aber nicht liegen sehen. Irgendwann wird er stehenbleiben und Blickkontakt zu dir aufnehmen. Diesen Moment nutzt du, um dein neues Signal zu geben, sodass sich dein Hund hinsetzt. Zur Belohnung gehst du zu ihm hin und gibst ihm den Käse. Alternativ kannst du ihn auch nur mit einem Lobwort, wie z. B. „Prima“, belohnen und dann den Käse in seine Richtung werfen. Im weiteren Verlauf musst du immer mehrfach den Käse werfen, bevor du einmal damit aussetzt und deinen Hund in der Distanz zum Sitzen aufforderst. Wenn du zu oft hintereinander den Käse nicht wirfst, wird sich dein Hund nicht mehr von dir entfernen. Steigere die ablenkenden Reize und trainiere sie in schwierigerer Umgebung. Du kannst das Abstoppen nun ebenfalls in das Training der Beschäftigungsformen einbauen, indem du deinen Hund analog zum Aufbau des Abrufens mit Pfiff vor einem Gegenstand, während der Hetze beim Reizangeltraining oder auch in der Suche bzw. auf einer Spur abstoppst.

Arthur dreht sich beim Stopp-Signal sofort um, ...

... setzt sich hin und schaut Susanne an.

Sandra schickt ihren Working Kelpie Journo zum Spielzeug.

Kurz vor dem Spielzeug pfeift Sandra das Stopp-Signal.

Sandra geht zu Journo und belohnt ihn für das Stoppen.

Dann geht sie wieder zurück, Journo darf jetzt apportieren.

Spaziergänge interessant gestalten

Hunde gehen nicht spazieren! Kein Hund läuft durch die Gegend, betrachtet die schönen Blümchen am Wegesrand oder freut sich über den blauen Himmel und die entspannende Umgebung.

Für deinen Hund ist jeder Spaziergang spannend und aufregend. Endlich geht es los und er kann Gerüche wahrnehmen, Spuren verfolgen und Beute ausmachen.
Auch wenn dein Hund natürlich auf dem Spaziergang seinen Bedürfnissen nachgehen soll, ist es wichtig, dass er nicht durchgängig stark erregt ist. Gestalte den Spaziergang daher so, dass dein Hund lernt, seine Erregung auch einmal herunterzufahren. Beginne damit direkt beim Aussteigen aus dem Auto. Hat dein Hund gelernt, ruhig zu warten, bis du ihm das Signal zum Aussteigen gibst (siehe S. 102 f.), kannst du nun ein paar Futterbrocken auf den Boden vor dem Kofferraum ausstreuen. So beginnt der Spaziergang zwar direkt mit jagdlicher Aktion, jedoch mit einer, die du bestimmst und leitest. Dein Hund kann durch die Suche nach dem Futter zudem seine erste Erregung abbauen, konzentriert sich aber von Beginn an auf dich.

Futteraufnahme bei starker Erregung

Manche Hunde sind vor allem zu Beginn des Spaziergangs zu aufgeregt, um draußen zu fressen. Einige Menschen kennen das von sich selbst: Steht eine aufregende Situation bevor, wie z. B. eine Prüfung, ist der Magen wie verschlossen, man bringt keinen Bissen herunter. Der Körper ist nicht auf Nahrungsaufnahme eingestellt.
Es erleichtert das Antijagdtraining jedoch ungemein, wenn dein Hund Futter aufnimmt, sodass du ihn für erwünschtes Verhalten belohnen kannst, aber auch kleinere Jagdspiele wie die Futtersuche möglich sind. Zudem beruhigt Fressen. Insbesondere das intensive Kauen, aber auch das längere Schlecken zeigen beim Hund beruhigende Wirkung. Dies liegt daran, dass beim Fressen Endorphine ausgeschüttet werden. Nimmt dein Hund daher keine Futterbrocken, nutze zunächst die Futtertube. Die meisten Hunde lassen sich durch Leberwurst, Lachs- oder Geflügelpaste doch verführen, an der Tube zu schlecken. Übe die Aufnahme von Futter in den unterschiedlichsten Situationen. Probiere später aus, ob dein Hund auch weiche Fleisch- oder Fleischwurstbrocken annimmt. Je mehr er im weiteren Verlauf des Trainings lernt, unterwegs zu entspannen, desto eher wird er auch Futter annehmen.

Ruhe-Inseln schaffen

Baue auf dem Spaziergang immer wieder Pausen ein, in denen ihr beide entspannen könnt. Hast du einen guten Pausenplatz erreicht, kannst du deinen Hund anfangs noch einen Augenblick an langer Leine die Umgebung erkunden lassen, damit sein Neugierbedürfnis erst einmal gestillt ist. Erst dann nimmst du die Leine kurz und setzt dich auf die Bank, um einfach ein wenig die Natur zu genießen.
Falls dein Hund sich nicht gern auf den Boden legt, kannst du auch eine Decke für ihn mitnehmen. Hat er zu Hause gelernt, sich auf dein Signal auf einer Decke oder in seinem Körbchen abzulegen und dann dort zu entspannen, kannst du dies auch auf den Spaziergang übertragen,

die Decke wird dann zum Sichtzeichen für Entspannung. Schicke ihn auf die Decke und halte die Leine so kurz, damit er die Decke nicht verlassen kann. Ignoriere ihn nun komplett, auch wenn er an der Leine zerrt, am Boden schnüffelt oder sogar bellt. Anfangs wartest du nur kurz. Auch wenn dein Hund noch nicht zur Ruhe gekommen ist, gibst du ihm das Signal „Weiter" und setzt den Spaziergang, ohne seine Unruhe zu kommentieren, mit ihm weiter fort. Dein Hund soll erst einmal nur lernen, dass hier eine Pause stattfindet. Würdest du direkt warten, bis er komplett zur Ruhe gekommen ist, müsstest du unter Umständen mehrere Stunden sitzen bleiben. Irgendwann schläft dein Hund dann vermutlich vor Ermüdung ein, gelernt hat er dabei jedoch leider nichts. Schritt für Schritt kannst du die Pause dann immer weiter ausdehnen, bis du so lange warten kannst, bis er komplett zur Ruhe gekommen ist. Nach einiger Zeit stehst du dann wieder auf und ihr setzt den Spaziergang fort.

Den gleichen Weg zurück

Für einige Hunde ist es zu Beginn leichter, keinen Rundweg zu laufen, sondern nach einiger Zeit umzudrehen und den gleichen Weg wieder zurückzulaufen. Da er hier ja bereits alles abgeschnüffelt und erkundet hat, gibt es für ihn nicht mehr so viel zu tun, sodass er eher für dich ansprechbar ist. Wenn du also die ersten Übungen auf dem Spaziergang einbauen willst, eignet sich der Rückweg zu Beginn meist sehr gut. Auch Apportierübungen kannst du anfangs in die Richtung durchführen, aus der ihr gekommen seid. Später einmal soll dein Hund natürlich immer auf dich und deine Angebote reagieren, doch erst einmal muss er ja lernen, dass es Sinn macht, sich an dir zu orientieren und sich auf deine Jagdspiele einzulassen.

Kurze Wege

Du musst zunächst auch keine kilometerlangen Wanderungen durchführen, denn dabei würde sich der Erregungszustand deines Hundes nur immer weiter steigern. Je mehr aufregende Situationen dein Hund erlebt, desto größer wird sein allgemeiner Erregungszustand. Eine kurze Runde, bei der er auf dich achtet und auf der ihr ein oder zwei gemeinsame Aktivitäten durchführen konntet, reicht zu Beginn erst einmal vollkommen aus.
Gehe nicht nur in Gebieten spazieren, in denen dein Hund sich ständig beherrschen und zurücknehmen muss. Bedenke, dass für deinen jagdlich motivierten Hund jeder Spaziergang ein großes Maß an Impulskontrolle verlangt, denn er muss hier ständig und immer wieder Reizen widerstehen! Bei Spaziergängen, die kaum spannende Reize für deinen Hund bieten, kann er auch einmal entspannt seinen anderen Bedürfnissen nachgehen.

Orientierung aufbauen

Dein Hund soll aber nicht nur auf deine Ansprache und deine Spielangebote reagieren, er soll sich auch von sich aus an dir orientieren. Viele Hunde machen das zu Beginn sogar, stellen dieses Verhalten jedoch wieder ein, da es sich für sie nicht lohnt. Warum nicht? Weil der Mensch nicht darauf reagiert. Viele Menschen sehen immer nur das Negative und kommentieren dies: Dein Hund schnüffelt intensiv an einer Stelle und du schimpfst mit ihm, damit er weiterläuft. Er betritt ohne deine Aufforderung das Feld und du rufst ihn heraus, er soll doch bitte auf dem Weg laufen.

Filou ist ein Mischling aus vielen unterschiedlichen Jagdhunderassen – den Deutsch Kurzhaar sieht man ihm nicht an.

Achte daher einmal auf deinen Hund und belohne positives, erwünschtes Verhalten: Dein Hund bleibt brav auf dem Weg und geht nicht ins Feld? „Prima". Dein Hund wartet an einer Kreuzung auf deine Richtungsanweisung? „Prima". Dein Hund bleibt in deiner Nähe? „Prima". Dein Hund schaut dich einmal kurz an? „Prima". Du wirst schnell feststellen, dass sich dein Hund, wenn du ihn für alle diese Verhaltensweisen lobst und belohnst, immer mehr freiwillig an dir orientieren und mit dir Kontakt halten wird. Natürlich musst du nun nicht jede Kontaktaufnahme deines Hundes belohnen, denn dann kann sich schnell forderndes Verhalten daraus entwickeln. Sei variabel, mal belohnst du eine Kontaktaufnahme, manchmal auch eine zweite oder dritte, und dann wieder ignorierst du diese ein-, zwei- oder dreimal. Dein Hund weiß nie, wann er Erfolg hat, was dazu führt, dass er weiterhin daran interessiert sein wird, die Kontaktaufnahme mit dir zu suchen, ohne sie einzufordern.

Hat dein Hund gelernt, auf dem Spaziergang frei zu laufen, darf er auch unangeleint mit dir joggen.

Beim Cani-Cross darf sich der Hund ins Geschirr legen und den Menschen durch Zug unterstützen.

Drang nach Bewegung

Hunde, die jagdlich motiviert sind, haben in der Regel nicht nur ein großes Jagdbedürfnis, sondern auch einen großen Bewegungsdrang. Wer einmal einen Jagdhund bei der Jagd hinter einem Kaninchen beobachtet hat, kennt den ausdauernden Lauf mit weiten Sprüngen, der über Hunderte von Metern gezeigt wird. Neben dem ganzen Training in Bezug auf die Auslastung des Jagdbedürfnisses musst du auch darauf achten, deinem Hund die Möglichkeit zu geben, sich entsprechend ausdauernd zu bewegen. Gehe mit ihm joggen oder mach einen Ausflug mit dem Fahrrad. Nutze Sprintstrecken, bei denen dein Hund einmal so richtig Gas geben und im Jagdgalopp sprinten kann. Nutze auch Hindernisse auf dem Spaziergang, um deinen Hund klettern oder balancieren zu lassen. Das macht den Spaziergang spannend und dein Hund muss alle seine Muskeln nutzen.

Zughundetraining

Alternativ bietet sich auch ein Zughundetraining an. Hierzu benötigst du eine Zugleine, die du in einem Zuggeschirr, das dein Hund trägt, einhakst. Diese Leine wird zudem an deinem Fahrrad oder einem speziell für den Zughundesport ausgerichteten Roller befestigt. Dein Hund muss lernen, vor dem Gefährt zu laufen und dich auf diesem zu ziehen. Hierbei kann er sich richtig auspowern. Dies geht aber nur bei Hunden der entsprechenden Größe. Natürlich kann ein Jack Russell Terrier keinen erwachsenen Menschen ziehen. Ein Golden Retriever kann einen erwachsenen Menschen von durchschnittlich 70 bis 80 Kilogramm aber durchaus nach einem gut aufgebauten Training einige Kilometer weit ziehen. Alternativ kann dich dein Hund auch beim Joggen unterstützen, indem er im Zuggeschirr und an der Zugleine, die an einem Hüftgurt befestigt ist, vor dir läuft. Natürlich muss er die Zugkraft hierbei an deine Laufgeschwindigkeit anpassen, je nach Größe, Kraft und Ausdauer deines Hundes sowie deiner Laufgeschwindigkeit wird er also nicht mit voller Leistung laufen können. Doch auch die kleinen, agilen Rassen, wie z. B. die Terrier, legen sich hierbei gern mit ganzer Kraft in die Leine.
Lass dich bei diesem Training von einem professionellen Hundetrainer anleiten, damit du deinen Hund nicht überlastest und damit schädigst.

Links: Über einen dicken Baumstamm zu balancieren, ist eine spannende Abwechslung im Training.

Alternativverhalten aufbauen

Hunde brauchen Freilauf, um ihre Bedürfnisse ausleben zu können. Gerade bei Hunden mit ausgeprägtem Jagdverhalten müssen hierbei jedoch einige Grundregeln beachtet werden.

Das Problem des unerwünschten Jagdverhaltens beschäftigt viele Hundehalter. Zieht ein Hund als Welpe oder Junghund ein, kann durch das Einhalten von Regeln sowie ein konsequentes und individuell auf den Hund abgestimmtes Training häufig vermieden werden, dass der Hund sich selbstständig macht und jagt. Hat er aber einmal Spaß daran gefunden, Wild zu hetzen, sind Alternativen durch Beschäftigungsformen, wie z. B. Apportierspiele, oft kein adäquater Ersatz, und ein Freilauf ist dann nicht selten nur noch begrenzt in bestimmten Gebieten oder Zeiten möglich. Daher möchte ich zunächst einmal beschreiben, wie du ein Training mit einem jagdlich motivierten Hund von Anfang an so aufbauen kannst, dass er sich an dir orientiert und du ihn möglichst häufig, da wo es erlaubt ist, frei laufen lassen kannst. Doch viele Menschen, die sich dieses Buch gekauft haben, sind vermutlich bereits in der Situation, dass ihr Hund Spuren verfolgt oder Wild hetzt, und erhoffen sich hierbei Hilfe. Im weiteren Verlauf erfährst du daher, welche Erste-Hilfe-Maßnahmen du ergreifen kannst und wie du durch ein strukturiertes Training deinem Hund zukünftig mehr Freilauf gewähren kannst.

Jagen bewusst fördern

Wie bereits besprochen, ist die Ausprägung der jagdlichen Motivation bei Hunden angeboren. Wenn du daher einen jagdlich stark motivierten Hund bei dir aufnimmst, musst du diesem die Möglichkeit bieten, sein individuelles Jagdbedürfnis auszuleben. Nur so wird dein Hund ein zuverlässiger Begleiter auf deinen Spaziergängen, mit dem du dich entspannt durch die Natur bewegen kannst.

Beschäftigung den Anlagen gemäß

Natürlich soll dein Hund weder dem Kaninchen hinterherlaufen, noch sich bei der Spurensuche so weit von dir entfernen, dass du keinen Einfluss mehr auf ihn hast. Doch zum Glück gibt es viele unterschiedliche Möglichkeiten der alternativen Beschäftigung, bei denen Hunde Jagdverhalten zeigen und dieses ausleben dürfen. Für welche Beschäftigungsform du dich entscheidest, hängt davon ab, was deinem Hund wichtig ist. Ein Hinweis auf die bevorzugte Art des Jagdverhaltens deines Hundes gibt dir seine Rasse (siehe S. 47 ff.). Je nach Veranlagung ist dein Hund eher ein

Warte nicht erst, bis dein Hund unerwünschtes Jagdverhalten zeigt, denn bereits gefestigtes Verhalten umzutrainieren, ist immer schwieriger, als ein neues Verhalten aufzubauen.

Chrissi wirft den Leuchtturm, Sulley wartet ruhig.

Auf Chrissis Signal springt Sulley freudig ins Wasser.

Zielstrebig schwimmt er zum Leuchtturm.

Sulley ignoriert dabei alle Ablenkungen.

Tropfnass läuft Sulley sofort mit der Beute zu Chrissi.

Erst nach der Abgabe schüttelt Sulley sich ausgiebig.

Sicht- oder Spurjäger, liebt die Hetze, die weitläufige Suche bzw. das Verfolgen einer Spur oder das Beutemachen. Mit einem Windhund bieten sich daher Hetzspiele an, ein Retriever liebt es, in unterschiedlichsten Variationen, insbesondere aus dem Wasser, apportieren zu dürfen, mit einem nordischen Hund kannst du eher sinnvolle Apportieraufgaben, z. B. mit dem Futterbeutel, durchführen und einen Schweißhund machst du mit Fährtentraining oder Mantrailen glücklich. Doch was ist, wenn dein Hund nicht zu einer typischen Jagdhunderasse gehört oder aber ein Mischling aus vielen unterschiedlichen Rassen ist? Beobachte ihn im Alltag und vor allem draußen auf dem Spaziergang. Läuft er oft mit tiefer Nase durch die Gegend und untersucht immer wieder spannende Düfte? Bewegt er sich dabei über eine längere Strecke, ohne die Nase vom Boden zu heben? Dann jagt er mit viel Naseneinsatz und wird vermutlich gern suchen und Spuren verfolgen. Reagiert er auf Bewegungsreize und steht dann wie erstarrt vor dem Gebüsch, ohne den Blick davon abzuwenden? Dann jagt er eher auf Sicht und wird begeistert von Hetzspielen sein. Bringt er dir im Alltag ständig einen Ball, damit du ihm diesen wirfst? Trägt er immer wieder Dinge wie beispielsweise deine Hausschuhe oder Socken herum? Dann liebt er es, Beute zu machen und wird sich schnell auf ein Apportierspiel mit dir einlassen. Du kannst natürlich auch einfach ausprobieren, welche Beschäftigungsform dir und deinem Hund am meisten Spaß macht. Du wirst schnell merken, wann dein Hund mit Begeisterung dabei ist und quasi von selbst lernt bzw. wann das Training eher zäh verläuft und dein Hund auf jede Ablenkung reagiert.

Mischlingsrüde Mogli bringt das Dummy freudig zu Lena zurück. Das Apportieren macht ihm Spaß.

Nach dem Apportieren erwartet Mogli seine Futterbelohnung, diese ist ihm sehr wichtig.

Motivationsformen

Hunde können in Bezug auf ein Verhalten intrinsisch oder extrinsisch motiviert sein. So liegt dem Labrador Retriever als Apportierhund das Bringen quasi im Blut, er apportiert in der Regel für sein Leben gern. Noch ein weiteres Mal apportieren zu dürfen, ist für ihn bereits Belohnung genug, er braucht hierfür keine anderweitige Motivation, wie z. B. eine Futterbelohnung.

Intrinsische Motivation

Der Unterschied der beiden Motivationen wird am Beispiel von Familie Brahm sehr schnell deutlich. Familie Brahm besitzt zwei Hunde. Labrador Retriever Hündin Emma apportiert leidenschaftlich. Wenn Frau Brahm das geliebte Dummy nur aus der Tasche holt, ist die Hündin sofort aufmerksam. Sie wartet, bis Frau Brahm das Dummy versteckt hat und startet auf das Apportiersignal sofort los, um es zu suchen. Sobald sie es gefunden hat, nimmt sie das Dummy auf und bringt es freudig zu Frau Brahm zurück. Sobald diese das Dummy in der Hand hat, sitzt Emma schon wieder neben ihr und wartet darauf, dass das Dummy erneut versteckt wird. Für das Zurückbringen des Dummys bekommt Emma keine Belohnung durch Futter, Streicheln oder ein weiteres Spiel mit Frau Brahm. Für sie ist es Belohnung genug, dass sie noch ein weiteres Mal das Dummy suchen und bringen darf.

Extrinsische Motivation

Ganz anders läuft das Apportiertraining mit dem zweiten Hund von Familie Brahm, Jack, einem Mischling aus Hovawart und Berner Sennenhund. Jack hat ebenfalls gelernt, ein Dummy zu apportieren. Er wartet auch brav, bis Frau Brahm das Dummy versteckt hat, und läuft auf ihr Signal los, um es zu suchen und zu bringen. Sobald er es Frau Brahm abgegeben hat, steht er schon mit Blick auf ihre Jackentasche und wartet auf eine Futterbelohnung. Diese bekommt er zwar nicht jedes Mal, denn Frau Brahm möchte die Erwartungshaltung von Jack hochhalten. Wenn Jack jedoch dreimal das Dummy geholt hat, ohne eine Belohnung durch Futter zu erhalten, bricht er beim vierten Mal das Training ab und läuft stattdessen schnüffelnd durch die Wiese, es lohnt sich für ihn nicht. Das Suchen und Bringen an sich ist für ihn also nicht belohnend. Er führt dieses Spiel lediglich durch, um damit etwas anderes zu erreichen, in diesem Fall eine Futterbelohnung.

Gwenllian liegt das Apportieren im Blut. Sie sucht mit Freude, auch wenn das Dummy versteckt ist.

An den Hund angepasstes Training

Emma hat das Suchen und Bringen bereits im Welpenalter erlernt. Schon nach zwei bis drei Trainingseinheiten wusste sie, was Suchen heißt und hatte verstanden, dass es Sinn macht, Frau Brahm die Beute zurückzubringen. Jack dagegen hatte als Welpe nur wenig Interesse an der Suche nach Beute, bei ihm musste Frau Brahm viel Spannung aufbauen, immer wieder andere Beuteobjekte verwenden und Jack, sobald er die Beute gefunden hatte, mit der Stimme motivieren, damit dieser die Beute aufnahm und zurückzubrachte.

Schon als Junghund konnte Emma viele verschiedene Varianten des „Such-und-Bring-Spiels“: Frau Brahm konnte sie bereits aus weiter Distanz in ein Suchengebiet schicken, wobei dieses durchaus schon große Ausmaße hatte. Emma suchte sehr bald auch dann ein Gebiet ab, wenn sie gar nicht gesehen hatte, dass Frau Brahm hier Gegenstände versteckt hatte. Sie ging dann auch mehrfach hintereinander auf die Suche, wenn mehrere Gegenstände versteckt waren. Wenn Frau Brahm mit Jack trainiert, muss sie diesen auch heute immer noch zuschauen lassen, während sie die Gegenstände versteckt. Bei mehr als drei Gegen-

INTRINSISCHE UND EXTRINSISCHE MOTIVATION

Bei intrinsischer Motivation führt ein Hund sein Verhalten aus, weil ihm dieses selbst einfach viel Spaß macht und allein die Ausführung des Verhaltens für ihn bereits belohnend ist.

Bei extrinsischer Motivation führt ein Hund sein Verhalten aus, um durch dieses Verhalten etwas anderes zu erreichen, z. B. sich zu ernähren. Dieser Zweck hat dabei nichts mit dem Verhalten an sich zu tun.

Eine weitere Übung ist für sie bereits eine Belohnung.

ständen kann sich Jack nicht mehr auf das Spiel konzentrieren und beschäftigt sich mit Schnüffeln oder Grasfressen. Emma sucht mittlerweile auch in schwierigem Gelände; selbst wenn neben ihr ein Hase hochgeht, bleibt sie bei der Sache

ERFOLGREICHER BEI INTRINSISCHER MOTIVATION

Generell sind Beschäftigungsformen, die aufgrund intrinsischer Motivation erfolgen, immer sinnvoller, gerade wenn sie eine hochwertige Alternative sein sollen, wenn ein Hund jagt. Ein Hund, der intrinsisch motiviert ist, lernt zudem schneller, ist begeisterter bei der Sache und wird schwierigere Aufgaben durchführen können, auch wenn es starke Ablenkungsreize z. B. durch Wild gibt, als ein extrinsisch motivierter Hund.

und bricht die Suche nach dem Dummy nicht ab. Jack hingegen findet die Suche nicht besonders spannend, ganz im Gegenteil zum Hetzen eines Hasen oder Kaninchens. Frau Brahm achtet daher darauf, dass sie mit Jack die Suche nur in einem Gebiet trainiert, in dem vermutlich keine Kaninchen oder Hasen vorhanden sind. Denn würde ein Kaninchen vor Jack aufspringen, während er gerade auf der Suche nach dem Dummy ist, würde dieser die Suche sofort abbrechen und dem Kaninchen hinterherhetzen.

Die richtige Wahl

Bei der Auswahl eines Alternativverhaltens für das Jagen von Wild, solltest du eine Beschäftigungsform bevorzugen, für die dein Hund intrinsisch motiviert ist. Dieses muss dabei nicht zwingend dem typischen Rasseverhalten entsprechen. So gibt es auch Labrador Retriever, die zwar apportieren, dies aber nicht wirklich leidenschaftlich tun. In Bezug auf eine rassetypische Vererbung wären diese Hunde von der Zucht ausgeschlossen, jedoch kommt es natürlich immer wieder einmal innerhalb einer Rasse vor, dass ein Vertreter ein eher untypisches Rasseverhalten zeigt. Vielleicht liebt dein Hund dafür die Spurensuche oder hetzt leidenschaftlich gern? Probiere es einfach aus. Du wirst die Begeisterung deines Hundes förmlich sehen, wenn du die passende Beschäftigungsform gefunden hast. Dein Hund kann dann gar nicht genug vom Training bekommen, wird immer noch weitermachen wollen, auch wenn es keine zusätzliche Belohnung in Form von Futter, Streicheleinheiten etc. gegeben hat. Er wird nach immer neuen Aufgaben und Variationen fragen und die geforderten Übungen schnell erlernen und zuverlässig ausführen. Ein Hund, der ein intrinsisch motiviertes Verhalten ausführen darf, strahlt regelrecht vor Freude, er ist ein rundum glücklicher Hund.

Apportiertraining

Eine Form jagdlicher Beschäftigung, die viele Hunde mit Begeisterung ausführen, ist das Apportiertraining, denn die meisten Hunde lieben es, Beute zu machen. Einem Gegenstand hinterherlaufen, ihn aufnehmen und zum Menschen zurückbringen, damit das Spiel von Neuem starten kann, ist wohl das am häufigsten durchgeführte Jagdspiel. Für dieses Spiel gibt es im Handel inzwischen eine schier unendliche Variation an Apportiergegenständen. Wähle den passenden für dich und deinen Hund aus, aber bitte vermeide das Spiel mit Stöckchen!

Stöckchenspiel

– gefährlich und nicht sinnvoll!
Immer noch nutzen viele Menschen für das Spiel mit ihrem Hund ein Stöckchen. Denn das hat man schnell zur Hand, da man es fast überall findet, im Wald, aber auch am Wegesrand. Ist das Spiel zu Ende, kann man den Stock einfach wieder liegenlassen und muss ihn nicht, neben Leine, Pfeife und Leckerlis, den restlichen Weg mit sich herumtragen. Zudem fliegt ein Stock in der richtigen Größe auch perfekt, also ist er im Grunde genommen doch ein optimales Spielzeug?
Leider birgt das Spiel mit dem Stöckchen für deinen Hund einige Gefahren: Du startest das Spiel, indem du einen Stock aufhebst. Dein Hund springt begeistert um dich herum. Endlich geht es los, du wirfst den Stock, dieser fliegt weit weg. Sofort startet dein Hund hinterher, um so schnell wie möglich das Stöckchen zu schnappen. Wenn es nun gut läuft, landet der Stock auf dem Boden und bleibt dort liegen. Dein Hund kommt an der Stelle an und muss vielleicht noch kurz suchen, um den Stock aufzunehmen und ihn dir zu bringen. Wenn es aber schlecht läuft, landet der Stock mit einem Ende im Boden, das andere ragt nach oben in die Luft. Dein schnell rennender Hund ist direkt hinter dem Stock und schnappt im Augenblick der Landung zu. Die Gefahr, dass der Stock sich nun tief in den Rachen deines Hundes bohrt und diesen regelrecht pfählt, ist dabei sehr groß. Jeder Tierarzt wird mehrfach von Verletzungen dieser Art berichten können, die für den Hund in jedem Fall sehr schmerzhaft und langwierig in der Behandlung sind und im schlimmsten Fall sogar zum Tod des Hundes führen. Doch auch wenn es gar nicht so dramatisch kommt, sind auch anderweitige Verletzungen möglich: Gerade wenn zwei oder mehr Hunde hinter dem Stock herlaufen, können sich die Hunde an den spitzen Enden, z. B. im Auge oder an anderen Stellen des Körpers, verletzen. Viele Hunde neigen auch dazu, auf dem Stock herumzukauen. Hierbei können sich kleinere Splitter lösen, die der Hund hinunterschluckt. Diese können dann innerlich zu Verletzungen führen, sich in der Speiseröhre verkapseln und zu Abszessen führen oder aber bei der weiteren Verdauung den Darm verletzen.

Beute lässt man nicht zurück!

Doch es gibt noch einen zweiten Grund, warum du auf das Stöckchenspiel verzichten solltest. Schauen wir uns dazu den Ablauf des Spiels aus Sicht des Hundes einmal an: Du läufst also mit deinem Hund los. Auf einmal bleibst du stehen und schaust dich um. Dein Hund ist ganz interessiert, beobachtet dich gespannt. Du hebst ein Stöckchen auf und startest ein Beutespiel. Begeistert geht dein Hund darauf ein und freut sich, dass du offenbar viel Sinn für das Beutemachen hast und offensichtlich auch eine richtig spannende Beute gefunden hast. Nach einigen Würfen möchtest du das Spiel beenden und den Spaziergang fortsetzen. Du nimmst deinem Hund den Stock ab und wirfst ihn auf den Boden. Was soll dein Hund jetzt darüber denken? Du lässt die tolle Beute einfach liegen? Was, wenn jemand anderes vorbeikommt und sie findet? Nicht selten endet das Spiel daher dann doch nicht. Dein Hund hebt den Stock immer wieder auf oder läuft immer wieder zurück, um diesen zu holen. Bei einigen Hunden kann man diesen Vorgang erst dadurch unterbrechen, indem man sie an die Leine nimmt. Nicht selten gibt der Mensch jedoch irgendwann auf und lässt dem Hund seinen Willen, der den Stock mit stolzer Brust bis nach Hause trägt. Denn eine spannende Beute lässt man nicht einfach so nach erfolgreicher Jagd liegen.

Wenn dein Apportierspiel also wirklich eine sinnvolle Alternative zur Jagd nach Wild für deinen Hund sein soll, musst du ihm auch vermitteln, dass dir die Beute wichtig ist. Du musst deinem Hund zeigen, dass du selbst Jagdverstand hast und entsprechend handeln. Nimmst du nun ein Spielzeug für das Spiel mit deinem Hund auf den Spaziergang mit, wirst du dieses nach dem Beutespiel auf jeden Fall wieder einstecken und mitnehmen. Aus Hundesicht zeigst du damit, dass du dich um die wertvolle Beute kümmerst und diese sicher nach Hause bringst.

ALTERNATIVEN FÜR STÖCKCHEN

Damit dein Hund sich nicht verletzt, solltest du auf das Spiel mit einem Stöckchen lieber verzichten. Es gibt genügend Hundespielzeuge, die sich für ein Spiel mit deinem Hund eignen. Wenn du unbedingt an der Form des Stöckchens festhalten willst, da dein Hund längliche Gegenstände liebt, gibt es selbst hierfür mittlerweile viele verschiedene Alternativen im Handel. Du kannst aber auch einfach ein Stück vom Gartenschlauch abschneiden und dieses für das Spiel mit deinem Hund nutzen.

Königspudel Sirius liebt das Apportierspiel mit dem FUNSTIX, seinem „Ersatz-Stöckchen".

Yvonne hat auf dem Spaziergang immer ihren Rucksack dabei, in den sie das Apportierspielzeug von Caramello verstaut.

Problem mit frei verfügbarer Beute

Gerade dann, wenn du einen stark beutemotivierten Hund hast, ergibt sich noch ein weiteres Problem, wenn du das Stöckchenspiel als Alternativverhalten einsetzen willst. Zwar hast du, indem du diesen einen Stock vom Boden aufgenommen hast, eine für deinen Hund spannende Beute definiert, die er problemlos auch im Wald unter vielen anderen Stöcken wiederfindet.

Doch irgendwann möchtest du gern das Spiel beenden, vielleicht steckst du den Stock sogar ein? Aber wo ein Stöckchen ist, findet man in aller Regel auch noch viele weitere. Und so kann es passieren, dass sich dein Hund einfach einen neuen Stock schnappt, den er herumträgt und als „seine" persönliche, wichtige Beute definiert. Doch wie willst du zum einen Grenzen setzen, also beispielsweise eine jagdliche Aktivität beenden, wenn dein Hund sich danach selbstständig alternativ mit Beute beschäftigt? Und wie soll das Stöckchen eine besondere, von deinem Hund hoch begehrte Alternative zu einer Jagd nach Hase, Kaninchen und Co. sein, wenn doch zig Stöckchen frei verfügbar überall herumliegen. Eine solche Beute ist in dem Augenblick, in dem das Kaninchen auftaucht, unwichtig und vergessen, denn dein Hund kann danach ja sofort wieder eine neue, gleichwertige für sich definieren, indem er einen anderen Stock auswählt.

Mach dir daher die Mühe, neben den anderen Utensilien, die du auf den Spaziergang mit deinem Hund mitnimmst, auch ein Spielzeug einzupacken. Mittlerweile gibt es viele geeignete Gegenstände in jeglicher Größe, sodass sie auch in jede Tasche passen. Wenn du eine Umhängetasche oder einen kleinen Rucksack mitnimmst, um z. B. Wasser oder Erste-Hilfe-Utensilien für deinen Hund einzupacken, kannst du in diesem auch ein oder zwei größere Gegenstände verstauen.

Beute sollte spannend sein

Ob du für dein Apportiertraining einen Ball, einen Kong® oder ein Dummy verwendest, spielt im Grunde genommen keine Rolle. Achte aber darauf, wie spannend dein Hund den jeweiligen Gegenstand findet. Apportierfreudige Hunde rennen jedem Gegenstand hinterher. Viele andere Hunde beurteilen die Wertigkeit eines Gegenstandes aber danach, wie ähnlich er sich nach dem Wurf in Bezug auf das Fluchtverhalten echter Beute verhält. Ein Dummy ist für viele Hunde oftmals nicht wirklich verlockend, da es nach dem Wurf in aller Regel sofort auf dem Boden liegen bleibt. Es hüpft nicht noch einmal hoch, springt nicht mehrfach auf dem Boden auftitschend weiter oder rollt davon. Bälle, die weiter über die Wiese kullern, lösen beim Hund daher direkt eine viel höhere jagdliche Motivation aus.

VORSICHT BEI BÄLLEN

Verwende bitte keinen zu kleinen Ball. Der Ball sollte so groß sein, dass dein Hund diesen nicht komplett ins Maul nehmen kann. Springt dein Hund dem Ball hinterher und landet dieser beim Fangen mit Wucht im Maul, kann er sich im Rachen deines Hundes einklemmen. Einen solchen Ball bekommst du dann kaum wieder aus dem Maul heraus, selbst wenn dein Hund stillhalten sollte, wenn du mit deinen Händen nach dem Ball in sein Maul greifst. Setzt sich der Ball vor die Luftröhre deines Hundes, bekommt er jedoch sehr schnell keine Luft mehr. Leider bleibt kaum Zeit, den Tierarzt aufzusuchen, da dein Hund bereits nach kurzer Zeit erstickt. .

Sofortmaßnahmen

Ist dein Hund bereits apathisch oder sogar bewusstlos und wehrt sich nicht mehr gegen deine Erste-Hilfe-Maßnahmen, leg ihn auf den Rücken. Überstrecke den Kopf deines Hundes nach hinten, sodass sich die Kehle aufwölbt. Der darin feststeckende Ball wird nun von außen deutlich sichtbar. Drücke nun vorsichtig gegen den Ball, bis dieser aus der Kehle deines Hundes herausspringt. Scheue dich nicht, fest zuzudrücken. Eine Verletzung am Kehlkopf, um die sich dein Tierarzt später kümmern kann, ist immer noch besser als ein toter Hund. Auch wenn dein Hund nun wieder atmet und nach kurzer Zeit vollkommen normal erscheint, solltest du daher deinen Tierarzt aufsuchen. Dieser kann feststellen, ob es weitere Folgen oder auch Verletzungen am Kehlkopf deines Hundes gibt, die behandelt werden müssen.

Bälle mit Schnur

Alternativ kannst du auch Bälle verwenden, an denen eine Schnur befestigt ist. So hast du im Notfall immer einen Ansatzpunkt, an dem du den Ball aus dem Maul deines Hundes herausziehen kannst. Allerdings rollt ein solcher Ball mit Schnur natürlich nicht mehr so schön. Wenn es sich jedoch um einen Gummiball handelt, wird auch dieser mehrfach auftitschen und weiterhüpfen, bevor er dann liegen bleibt.

Noch attraktiver aus jagdlicher Sicht sind Gegenstände, die unregelmäßig geformt sind, wie z. B. der Kong®. Durch die unregelmäßige Form hüpft der Gegenstand nicht berechenbar in einer geraden Linie, wie das beim Ball der Fall ist, sondern immer unerwartet in eine ganz andere Richtung als zuvor. Damit wird das Fluchtverhalten von Kaninchen nachgeahmt, die auch wilde Haken schlagen, um den Jäger zu verwirren und so zu entkommen.

Weiche Gegenstände

Die Auswahl an Spielzeug ist letztlich unendlich. Natürlich kannst du also auch ein von deinem Hund heiß begehrtes Stofftier verwenden. Viele Hunde nehmen harte Gegenstände nicht so gern ins Maul, sie bevorzugen weiche und leichte Beute, die man auch mal nur an einem Zipfel aufheben und so über eine weitere Strecke tragen kann. Allerdings musst du dieses Spielzeug dann nach deinem Spaziergang unter Umständen waschen und trocknen. Auch Seilspielzeuge, Quietschies, Frisbees oder aber beispielsweise speziell für das Apportieren im Wasser hergestellte, schwimmende Spielzeuge kannst du für die Beschäftigung mit deinem Hund verwenden. Probiere einfach aus, wovon sich dein Hund am meisten begeistern lässt. Die Vorlieben sind oft ganz individuell. **Willst du das Spielzeug für ein Antijagdtraining verwenden, solltest du den Gegenstand auswählen, der für deinen Hund die höchste Wertigkeit besitzt. Diesen sollte er dann natürlich nicht zur freien Verfügung bekommen, du lässt ihn also nicht nach dem Spaziergang in der Wohnung herumliegen, sondern räumst ihn für deinen Hund unerreichbar weg.**

Das Tau-Herz ist nicht nur ein begehrtes Spielzeug, es macht das Foto direkt auch zu einem Hingucker.

Kein Interesse?

Was aber, wenn dein Hund sämtliche bisher genannten Gegenstände eher langweilig findet? Vielleicht liegt es daran, dass es ihm nicht so sehr auf die Bewegung oder Beschaffenheit, sondern eher auf den Geruch des Beuteobjekts ankommt. Apportiergegenstände riechen nun einmal nicht nach Wild. Natürlich sollst du nun kein Kaninchen durch die Gegend werfen. Im Handel gibt es jedoch Duftstoffe zu kaufen, die denen von Wildtieren, wie z. B. Kaninchen, ähnlich sind. Keine Angst, hierbei handelt es sich nicht um ein Tierprodukt, diese Duftstoffe sind synthetisch hergestellt. Bevor du nun zum Spaziergang mit deinem Hund startest, kannst du auf dein Dummy, dein Stofftier oder ähnliche, Duft annehmende Apportiergegenstände, ein bis zwei Tropfen des Duftes (bitte nicht mehr, die Düfte sind in der Regel stark konzentriert!) geben. Lass deinen Hund dabei zuschauen. Ein Hund, der gern die Nase einsetzt, wird nun sofort Witterung aufnehmen. Hebt dein Hund seine Nase und kommt aufgeregt schnuppernd zu dir, sobald du das Spielzeug präpariert hast, scheinst du die richtige Wahl getroffen zu haben. Allerdings solltest du nicht immer mit dem mit Duft präparierten Gegenstand trainieren, da sonst der normale Gegenstand an Bedeutung verliert und dein Hund diesen gegebenenfalls nicht mehr apportieren will. Nutze den mit Duft versehenen Gegenstand für ein Training in einer Gegend, in der für deinen Hund große Ablenkungen, z. B. durch Kaninchen, vorhanden sind und belohne ihn dann damit, wenn er dem Kaninchen nicht hinterhergejagt ist bzw. die Jagd nach deinem Rückruf abgebrochen hat.

Links: Der Kong fliegt unberechenbar, sodass sich Sulley in der Luft drehen muss, um ihn zu schnappen.

Der Beute hinterher

Um deinen Hund zu motivieren, einem Gegenstand hinterherzulaufen, musst du diesen von ihm wegbewegen. Lass die Beute hin und her flitzen und beobachte deinen Hund. Verfolgt er die Beute mit den Augen? Sieht er aus, als wolle er gleich auf die Beute springen? Dann ist der richtige Zeitpunkt gekommen, die Beute zu werfen. Achtung, wirf dabei nicht zu weit, dein Hund darf die Beute nicht aus den Augen verlieren. Dann ist das Interesse nämlich schnell wieder erloschen. Wirf aber auch nicht zu kurz. Wenn die Beute gerade mal zwei Meter von dir und deinem Hund entfernt landet, wird er vielleicht gar nicht den Sinn darin sehen, hinterherzulaufen. Springt dein Hund der Beute hinterher, dann warte ab, was er an der Beute macht:

Um Rhodesian Ridgeback-Hündin Bahiya zum Apportieren zu motivieren, startet Elisa mit ihr ein Zerrspiel.

Dann bewegt Elisa die Beute vor Bahiya über den Boden von ihr weg, sodass sie hinterherlaufen kann.

1. Nimmt er diese direkt auf? Prima, dann lobe ihn dafür und freue dich mit ihm.
2. Steht er nur da und schnuppert, nimmt die Beute aber nicht direkt ins Maul, sei nicht enttäuscht. Freu dich trotzdem, immerhin ist er der Beute hinterhergelaufen!

— Lob ihn dafür, gehe zu ihm und der Beute hin und belohne ihn dort mit einem Futterstück.
— Nimm dann die Beute, baue erneut Spannung auf und wirf diese noch einmal. Nach einigen Wiederholungen heißt es nun, geschickt in kleinen Teilschritten das erwünschte Verhalten aufzubauen.
— Warte beim nächsten Versuch, ob dein Hund irgendetwas ausprobiert, wenn er an der Beute angekommen ist, du ihn dieses Mal aber nicht direkt belohnst. Vielleicht versucht er, die Beute mit der Pfote zu bewegen? Prima. Belohne dieses Verhalten wieder einige Male und warte dann wieder darauf, dass dein Hund eine andere Aktion ausprobiert.
— Beim nächsten Mal wird er die Beute vielleicht ins Maul nehmen, aber direkt wieder fallen lassen.
— Dann hält er sie vielleicht einen kurzen Augenblick fest, vielleicht trägt er sie auch schon ein, zwei Schritte, hält sie aber nur mit den Vorderzähnen an einem Zipfel fest.

Noch ist kein perfektes Verhalten gefragt, jeder Schritt in die richtige Richtung wird belohnt. Forme nun Schritt für Schritt das Verhalten, bis dein Hund verstanden hat, was du von ihm erwartest: die Beute mit dem Maul aufheben und tragen.

Damit Gylvi mit dem Dummy nicht wegläuft, trainiert Martin mit ihm zunächst noch an der Schleppleine.

Zurückbringen der Beute

Nun muss dein Hund noch lernen, die Beute zu dir zurückzubringen. Dafür solltest du ihn anfangs an die Schleppleine nehmen. Diese sollte natürlich an einem Geschirr befestigt sein, damit sich dein Hund nicht am Hals verletzen kann. Ohne Schleppleine besteht anfangs die Gefahr, dass dein Hund sich mit der Beute nun lieber entfernt, als diese zu dir zurückzubringen. Er weiß ja noch nicht, dass erst dann das tolle Spiel von Neuem beginnt und er erst dann wieder hinterherhetzen darf. In dem Augenblick, indem dein Hund die Beute ins Maul nimmt, lockst du ihn zu dir. Du kannst dazu schnalzen, in die Hände klatschen, dich hinhocken oder auch ein paar Schritte rückwärtsgehen. Es ist alles erlaubt, was deinen Hund animiert, in deine Richtung zu laufen. Halte aber besser kein Futter in der Hand. Dies animiert den Hund zwar meistens, in Richtung des lockenden Menschen zu laufen, er wird dabei jedoch den Gegenstand schnell fallen lassen, damit er das Futter aufnehmen kann. Behalte das Futter zur Belohnung erst noch in deiner Tasche. Bitte nutze die Schleppleine auch nicht, um deinen Hund mit der Beute zu dir heranzuziehen. Durch diese unangenehme Einwirkung könnte er das gemeinsame Spiel mit dir negativ verknüpfen, sodass er sich beim nächsten Versuch gar nicht mehr für die Beute interessiert oder erst recht versucht, sie für sich zu behalten. Du musst deinem Hund nun also beibringen, dass es sich für ihn lohnt, dir den Gegenstand zu bringen.

Apportiergegenstände sollten so groß sein, dass der Hund sie beim Fangen nicht verschlucken kann.

Positive Verstärkung

Wenn du deinen Hund zu dir lockst und danach ein neues Spiel startest oder deinen Hund für das Bringen mit Futter belohnst, lernt er, dass das Verhalten „Mit-Beute-Näherkommen“ sich für ihn gelohnt hat. Das Spiel geht weiter, er bekommt Futter. Dieses Lernprinzip nennt man das Prinzip der positiven Verstärkung.

Bei der positiven Verstärkung wird der Hund ein Verhalten zukünftig öfter zeigen, wenn er nach dem Verhalten eine für ihn angenehme Folge erfahren hat.

Wenn du deinen Hund dagegen mit der Leine zu dir heranziehst, bedeutet der Zug an der Leine eine unangenehme Folge für deinen Hund. Hierbei unterscheidet man zwei Varianten in der Lerntheorie:

Positive Bestrafung

Dein Hund nimmt die Beute auf, bleibt aber zunächst einmal stehen. Nun ruckst du einmal kurz und kräftig an der Leine, woraufhin sich dein Hund in Bewegung setzt. Dieses Lernprinzip nennt man das Prinzip der positiven Bestrafung.

Bei der positiven Bestrafung wird der Hund ein Verhalten zukünftig nicht mehr so häufig zeigen, wenn er nach dem Verhalten eine für ihn unangenehme Folge erfahren hat.

Dein Hund wird also auch mit diesem Prinzip lernen, zu dir zu kommen bzw. nicht mehr stehen zu bleiben, denn er möchte die unangenehme Einwirkung durch das Rucken an der Leine in Zukunft vermeiden.

Negative Verstärkung

Dein Hund nimmt die Beute auf und bleibt damit stehen. Nun beginnst du, an der Leine zu ziehen. Dabei hältst du die Leine auf Spannung, der Zug ist gleichbleibend stark. Dein Hund wird sich aufgrund dieser unangenehmen Einwirkung nun auch in Bewegung setzen und auf dich zukommen. Dieses Lernprinzip nennt man negative Verstärkung.

Bei der negativen Verstärkung wird der Hund ein Verhalten zukünftig öfter zeigen, wenn eine für ihn unangenehme Folge, die er nach dem Verhalten erfahren hat, aufhört.

Er lernt also auch mit diesem Prinzip, mit der Beute zu dir zu kommen. Dein Hund lernt in deine Richtung zu kommen, da dann der unangenehme Zug durch die Leine aufhört.
Hunde lernen viel nachhaltiger, wenn Verhaltensweisen aufgrund des Lernprinzips der positiven Verstärkung aufgebaut wurden. Aber abgesehen davon solltest du immer auch bedenken, dass es sich gerade bei dem Verhalten „Mit-Beute-zum-Menschen-Kommen“ um ein nicht arttypisches Verhalten handelt. In dieser Situation mit unangenehmen Reizen zu trainieren, ist wohl kaum zu verantworten; ein Training aufgrund positiver Bestrafung und negativer Verstärkung solltest du in diesem Fall daher vermeiden.

So gelingt das Training

Locke deinen Hund zu dir, erwarte aber noch nicht direkt zu Beginn, dass er die Beute ganz bis zu dir bringt. Baue auch dieses Verhalten wieder in kleinen Schritten auf. Trägt dein Hund die Beute anfangs nur zwei Schritte, gehe zu ihm hin, belohne ihn, hebe die Beute auf und starte von vorn. Wenn dein Hund nun immer näher zu dir mit der Beute kommt, kannst du dabei die Schleppleine immer weiter verkürzen. So kann er nämlich – einmal bei dir angekommen – kein lustiges Spiel daraus machen und sich wieder entfernen. Erst wenn du die Schleppleine nicht mehr in der Hand halten und als Hilfe einsetzen musst, kannst du das Apportierspiel mit deinem Hund auch ohne Schleppleine durchführen. Baue die Übungen dazu genauso auf wie zuvor mit Schleppleine. Wirf den Gegenstand und locke deinen Hund zu dir. Belohne ihn, wenn er dir die Beute gebracht hat.

Abgeben der Beute

Nun muss dein Hund dir die Beute noch abgeben. Wenn er die Beute nicht eh schon, sobald er bei dir angekommen ist, fallen lässt, kannst du ein besonders leckeres Futterstück aus der Tasche holen und ein Tauschgeschäft starten. In dem Augenblick, in dem dein Hund die Beute loslässt, fügst du ein Signal, wie z. B. das Wort „Aus", hinzu. So wird dein Hund mit der Zeit lernen, dass er die Beute auf dieses Signal ausgeben soll. Möchte dein Hund die Beute nicht abgeben, streite nicht mit ihm darum. Je mehr du auf sein Zerrspiel eingehst, desto weniger wird er bereit sein, dir die Beute zu geben. Halte das Spielzeug ruhig fest und nutze für das Tauschgeschäft Leckerlis, die dein Hund wirklich gern mag, wie z. B. Fleischwurst oder aber eine mit Leberwurst gefüllte Futtertube.

Bahiya möchte die Beute nach dem Apportieren nicht abgeben.

Elisa bietet Bahiya zum Tausch einige begehrte Futterstücke an.

Dein Hund lässt die Beute kurz vor dir fallen und du möchtest ihm jetzt noch beibringen, dass er dir die Beute in die Hand gibt? Trainiere dies bitte separat. Erst einmal muss dein Hund das Zurückbringen der Beute verstanden haben. Beginne dann, dich z. B. kurz bevor dein Hund bei dir angekommen ist, umzudrehen und dich wegzubewegen. Fordere deinen Hund auf, dir zu folgen. Lass ihn einige Schritte an deiner Seite mitlaufen, bevor du ihm die Beute abnimmst. Er lernt so, die Beute auch in deiner Nähe zu tragen und festzuhalten. Da er direkt neben dir ist, kannst du entspannt zur Beute greifen und ihm diese mit dem Signal „Aus" abnehmen.

Hetzspiele

Eine andere Variante jagdlicher Beschäftigung sind Hetzspiele. Bei Hetzspielen darf dein Hund einer an einer Schnur befestigten Beute hinterherhetzen. Ob er am Ende der Hetze, wenn er die Beute gefangen hat, diese zu dir bringt oder du die Beute selbst einsammelst, hängt von der Veranlagung deines Hundes ab. Hat er neben dem Hetzen auch Spaß am Apportieren, kann er dir die Beute bringen. Ist die Beute aber uninteressant, sobald dein Hund diese gefangen hat, sammelst du sie einfach selbst wieder ein. Bei diesem Spiel liegt der Schwerpunkt auf dem Hinterherhetzen, nicht auf dem Bringen.

Den Umgang mit der Reizangel musst du üben, und das am besten erst einmal ohne deinen Hund!

Die Reizangel

Für Hetzspiele eignet sich eine Reizangel. Diese kannst du z. B. im Fachhandel kaufen. Du kannst aber auch eine Longierpeitsche aus dem Reitsportbedarf zweckentfremden oder aber die Reizangel selbst bauen. Eine Reizangel besteht aus einem ca. 2 m langen Stock, an dessen oberen Ende eine ebenfalls ca. 2 m lange Schnur befestigt ist. Natürlich kannst du Stock- und Schnurlänge auch variieren, jedoch bist du mit einem kürzeren Stock deutlich im Radius eingeschränkt, dein Hund wird die Beute vermutlich schnell erhaschen. Einen längeren Stock kannst du in der Regel nicht mehr so gut und schnell bewegen, sodass auch hierbei wieder dein Hund die Beute relativ schnell fangen wird. Die Schnur darf dabei in jedem Fall nicht zu dünn sein, sie sollte mindestens einen Durchmesser von 4 mm haben. Falls dein Hund sich beim Hetzen einmal in der Schnur verwickelt, kann er sich so kein Bein abschnüren und sich verletzen. Am Ende der Schnur wird nun die Beute befestigt. Achte darauf, dass diese nicht zu schwer ist, da du sonst die Beute an der Reizangel nicht schnell genug bewegen kannst. Ein kleines Dummy, ein Ball, ein Schweineohr oder auch nur ein Stück Stoff eignen sich gut. Bevor du nun mit dem Training beginnst, solltest du zunächst einmal Trockenübungen mit der Reizangel durchführen. Übe die Handhabung der Reizangel also erst einmal ohne Hund. Erst wenn du dich sicher fühlst und die Reizangel in beide Richtungen gut bewegen kannst, holst du deinen Hund dazu.

Auf Chrissis Signal startet Lila, um die Beute zu fangen.

Lila liebt das Reizangeltraining, hier kann sie richtig Gas geben!

Das Spiel beginnt

Schritt 1 Dein Hund muss die Reizangel nun erst einmal kennenlernen. Viele Hunde finden es ungewöhnlich, dass die Beute auf einmal an einer Schnur befestigt ist. Hinzu kommt, dass einige Hunde den Stock als bedrohlich wahrnehmen. Beginne das Training daher zunächst einmal, indem du die Beute nur an eine Schnur bindest und diese wirfst.

Schritt 2 Einige Longierpeitschen und Reizangeln lassen sich auch teilen bzw. verkleinern. Nutze dies, indem du im zweiten Schritt erst einmal den kurzen Stock verwendest. Wenn du merkst, dass dein Hund keine Angst vor dem Stock zeigt, kannst du die ganze Reizangel für das Training einsetzen.

Schritt 3 Nimm den Stock in die eine Hand, die Beute in die andere Hand. Mach deinen Hund aufmerksam auf deine Beute und wirf diese weg, während dein Hund alles gespannt verfolgt. Läuft er jetzt der Beute hinterher, bewege diese ein kleines Stück, kurz bevor dein Hund an der Beute angekommen ist. Achtung, die Bewegung sollte beim ersten Mal noch sehr vorsichtig erfolgen, denn dein Hund soll sich ja nicht vor der sich auf einmal bewegenden Beute erschrecken und diese dann meiden. Lass deinen Hund die Beute direkt fangen.

Schritt 4 Jetzt kannst du die Beute schon etwas weiter ziehen, z. B. einen Viertelkreis. Steigere die Strecke, die dein Hund hinterherlaufen muss, jedes Mal ein wenig, bis er dich ein- bis zweimal ganz umrundet.

Rechts: Beim Richtungswechsel muss der Hund sehr enge Wendungen durchführen, daher sollte er gesund sein!

Schritt 5 Lass deinen Hund nun auch einmal etwas länger hetzen. Variiere dabei die Streckenlänge immer wieder, damit er die Lust am Hetzen nicht verliert. Mal erhascht er die Beute nach einer ganzen Runde, dann schnappt er sie sich kurz nach dem Start. Er muss Erfolg haben!
Schritt 6 Spannend machst du die Hetze, indem du unerwartet die Richtung wechselst. Bitte achte aber darauf, dass du deinen Hund beim Richtungswechsel mit der Beute nicht triffst! Zudem besteht hierbei auch die Gefahr, dass dein Hund sich in der Schnur verwickelt. Beende dann sofort das Spiel und befreie deinen Hund, damit er sich nicht verletzt oder das Spiel negativ abspeichert.

Dauer des Spiels

Das Hetzspiel mit der Reizangel ist für Hunde sehr anstrengend. Führe es daher nicht zu lange durch, ein Zeitraum von fünf bis maximal zehn Minuten ist ausreichend. Zudem sollte dein Hund für dieses Spiel körperlich gesund sein. Hunde mit Herz- oder Gelenkproblemen können nur sehr bedingt mit der Reizangel beschäftigt werden. Dies gilt ebenso für Welpen und junge Hunde, die sich noch im Wachstum befinden. Verkürze mit diesen Hunden das Training auf ein bis zwei Minuten und vermeide bei Hunden mit Gelenkproblemen und Hunden im Wachstum Wechsel, bei denen der Hund enge Wendungen oder sogar Sprünge durchführen muss.

Mischlingsrüde Filou bleibt ruhig sitzen und beobachtet gespannt, wo Martin den Futterbeutel versteckt.

Suche

Für Hunde, die gern die Nase einsetzen, bietet sich die Suche als Beschäftigungsform an. Hierbei kannst du sowohl Gegenstände als auch Futter verstecken. Gefundenes Futter darf dein Hund direkt fressen, Gegenstände soll er entweder bringen oder z. B. durch Verbellen oder alternativ Hinsetzen anzeigen. Welche Variante du wählst, spielt dabei keine Rolle, da bei dieser Beschäftigung der Schwerpunkt auf das selbstständige Suchen und Auffinden gelegt wird.

Aufbau der Suche

Ich beschreibe hier den Aufbau der Suche nach Gegenständen, du kannst aber genauso Futter verwenden.

Schritt 1 Dein Hund soll zunächst zusehen, wie du den Gegenstand in höherem Bewuchs versteckst. Der Gegenstand sollte also vom Wartepunkt des Hundes aus nicht mehr direkt sichtbar sein. Im Idealfall hat dein Hund bereits gelernt, sitzen zu bleiben und zu warten (siehe auch Aufbau Impulskontrolle S. 99 f.). Du kannst ihn aber auch an einem Baumstamm oder Pfosten mit der Leine anbinden oder aber durch einen Helfer festhalten lassen. Wenn du jetzt zu deinem Hund zurückkommst, schau in Richtung des versteckten Gegenstandes, zeige mit deiner Hand in diese Richtung und schicke deinen Hund damit zum Suchen. Du kannst auch ein zusätzliches Hörzeichen hinzufügen, wie z. B. das Wort „Such“. Beobachte deinen Hund genau. Sucht er in dem Bereich, in dem du den Gegenstand versteckt hast? Beobachte seine Rute. Sobald er den Gegenstand erblickt oder den Geruch in die Nase bekommt, wird sich seine Rute aufgeregt hin- und herbewegen. Freue dich, wenn dein Hund den Gegenstand gefunden hat und belohne ihn.

Schritt 2 Nun gehst du mehrere Verstecke ab. Den Gegenstand lässt du in einem der Verstecke liegen, aber bitte nicht im ersten oder letzten Versteck. Dieses suchen Hunde nämlich gern zuerst auf und so hätte dein Hund direkt Erfolg. Er soll jedoch lernen, lange und ausdauernd zu suchen.

Schritt 3 Danach kannst du mehrere Gegenstände verstecken. Der erste Gegenstand ist noch keine große Herausforderung für deinen Hund. Beim zweiten Gegenstand muss er aber zum ersten Mal auf dich und dein Signal vertrauen. Denn er hat ja nicht gesehen, dass du erneut in das Suchengebiet gegangen bist, um einen weiteren Gegenstand zu verstecken. Läuft dein Hund dennoch wieder freudig zur Suche los, hast du es geschafft, er hat das Prinzip der Suche verstanden.

Schritt 4 Sucht und findet dein Hund mehrere Gegenstände zuverlässig, kannst du ihn beim Verstecken der Gegenstände außer Sicht lassen. Nutze für die ersten „blinden" Suchen aber bitte ein Gebiet, in dem du zuvor schon mit deinem Hund sichtige Suchen trainiert hast. Nun muss er dir vertrauen. Er hat nicht gesehen, dass du einen Gegenstand versteckt hast. Er kennt aber das Suchengebiet aus früheren Übungen, und er kennt deine Handbewegung sowie das Hörzeichen. Läuft dein Hund los und beginnt mit der Suche, hast du das Ziel fast erreicht.

Schritt 5 Zum Schluss kannst du die Gegenstände in einem Gebiet verstecken, das dein Hund nicht kennt. Auch hier soll er auf dich und dein Signal vertrauen.

Martin schickt Filou zur versteckten Beute, Filou läuft sofort los.

Filou findet den Futterbeutel schnell und bringt ihn zu Martin.

Hilfestellung

Wird dein Hund bei der Suche unsicher, bleibt stehen und schaut dich fragend an, dann vermeide, ihm zu helfen. Bei der Suche soll er möglichst selbstständig suchen. Zeigst du ihm nun eine Richtung als Hilfe an und findet er dort auch noch einen Gegenstand, wird er in der Regel immer häufiger stehen bleiben und dich um Hilfe fragen. Wird er unsicher, bleib einfach stehen und schau ihn nicht direkt an. Sobald er die Suche wieder aufnimmt, kannst du ihm helfen, indem du auch in das Suchengebiet gehst und gemeinsam mit ihm suchst. Hierbei darfst du ihn natürlich wieder aufmerksam machen und als Hilfe eine Richtung anzeigen. Variiere danach aber das Training, denn vermutlich war die gestellte Aufgabe zu schwer für deinen Hund. Du musst entweder das Gelände einfacher wählen oder aber ihn noch einmal beim Verstecken zuschauen lassen.
Hast du einen sehr eigenständigen Hund, der durch das Training der Suche immer selbstständiger werden würde, kannst du dagegen ab und an das Gelände bewusst sehr schwer wählen und deinem Hund bewusst helfen, wenn er stehenbleibt und fragt. So lernt er, dass er nur gemeinsam mit dir ans Ziel kommt.

Suchvarianten

Je variabler du die Suche künftig gestaltest, desto spannender wird diese für deinen Hund. Dabei darfst du ruhig kreativ werden, nutze alles, was die Natur dir so bietet.
Variante 1 Verstecke den Gegenstand, z. B. unter altem Laub. Anfangs lässt du ihn dabei noch aus dem Laub herausschauen. Viele Hunde suchen mit den Augen nach einem versteckten Gegenstand und müssen erst einmal lernen, die Nase einzusetzen. Aber auch wenn dein Hund bei der Suche bereits seine Nase gebraucht, muss er lernen, selbst geringe Spuren vom Geruch des versteckten Gegenstandes aufzuspüren. Ist dein Hund bereits ein erfahrener Sucher, kannst du den Gegenstand auch komplett unter dem Laub verstecken oder ihn sogar ein wenig in lockerer Erde einbuddeln. Du wirst erstaunt sein, dass dein Hund den Gegenstand dennoch finden kann. Zudem kann er dadurch seine jagdliche Motivation noch weiter ausleben, denn er muss den Gegenstand erst noch ausbuddeln, bevor er ihn bringen kann.
Variante 2 Natürlich kannst du den Gegenstand nicht nur einbuddeln, du kannst ihn auch erhöht aufhängen. Beginne bei dieser Variante damit, dass du den Gegenstand erst einmal nur wenige Zentimeter über dem Boden in einen Strauch hängst. Viele Hunde suchen anfangs immer nur mit der Nase tief am Boden. Sie müssen jetzt lernen, dass der Geruch auch von oben kommen kann. Stück für Stück hängst du den Gegenstand immer höher, bis er letztlich auch hoch in einem Baum hängt. Hierbei kannst du zwei Trainingsvarianten aufbauen.

1. Ist der Gegenstand noch in erreichbarer Höhe, kann dein Hund lernen, diesen vom Ast abzuziehen. Suche dafür anfangs einen glatten Ast ohne Verästelungen und hänge den Gegenstand weit vorn auf, damit dein Hund ihn leicht abziehen kann.
2. Hängt der Gegenstand so hoch, dass dein Hund ihn nicht mehr erreicht, kann er dir zum Beispiel durch Bellen oder sich davorsetzen anzeigen, dass er den Gegenstand gefunden hat.

Den tief im Laub verbuddelten Futterbeutel zu finden, war für Dackel Hündin Ursel kein Problem.

Anzeigen von Gegenständen durch Verbellen

Es gibt Hunderassen, deren Vertreter so gut wie nie bellen, Hunde anderer Rassen dagegen bellen aufgrund ihrer genetischen Veranlagung schon beim kleinsten Reiz. Hierzu gehören z. B. einige Hütehunderassen wie der Bearded Collie oder der Sheltie.

Schritt 1 Um das Bellen auf Signal aufzubauen, spiele mit deinem Hund und pusche ihn dabei ein wenig hoch. Warte nun darauf, dass dein Hund anfängt zu bellen. In diesem Augenblick bestätige ihn. Nach einigen Durchgängen füge in dem Augenblick, in dem dein Hund bellt, ein Signal, wie z. B. das Wort „Laut", hinzu.

Schritt 2 Löse das Bellen nun auf Signal aus. Übe dies an verschiedenen Orten und in unterschiedlichen Trainingsvarianten. Jetzt musst du deinem Hund nur noch beibringen, zu bellen, wenn er den Gegenstand gefunden hat. Nutze dafür anfangs nur einen bestimmten Gegenstand, im Idealfall keinen Gegenstand, den dein Hund schon aus dem Apportiertraining kennt. Lege den Gegenstand auf den Boden und fordere deinen Hund auf, zu bellen. Hierfür erhält er nun eine Belohnung, er darf dabei den Gegenstand aber nicht apportieren.

Schritt 3 Nun legst du den Gegenstand ein wenig entfernt von dir ab. Schicke deinen Hund zur Suche. Sobald er am Gegenstand angekommen ist, füge das Signal für das Bellen hinzu. Wenn dein Hund anfängt zu bellen, gehe zu ihm hin und bestätige ihn.

Schritt 4 Erhöhe die Distanz immer weiter und verstecke den Gegenstand. Klappt das und dein Hund zeigt ihn dir mit Bellen an, kannst du beim nächsten Mal auch außer Sicht deines Hundes sein.

VORSICHT BEIM BELLEN AUF SIGNAL

Bist du beim Training nicht genau, hast du unter Umständen danach einen „Dauerkläffer“, der meint, ständig bellen zu müssen. Denn schließlich war das Bellen beim Gegenstand ja erwünscht. Gerade zu Beginn des Trainings wird dein Hund daher vermutlich vermehrt bellen. Er probiert aus, ob er mit diesem Verhalten noch öfter eine Belohnung oder aber Aufmerksamkeit erhalten kann. Ignoriere dieses Verhalten bitte komplett.

Nur wenn du hierbei konsequent bist, wird sich das spontan gezeigte Bellen ohne Signal wieder legen. Möchtest du Fehlverknüpfungen vermeiden, kannst du als Anzeigeverhalten auch ein Vorsitzen vor dem Gegenstand aufbauen. Das Signal „Sitz“ musst du dazu bereits vorab aufgebaut haben. Die Verknüpfung des Hinsetzens mit dem Auffinden des Gegenstands erfolgt entsprechend der Beschreibung des Verweisens durch Bellen.

Bei bellfreudigen Hunden solltest du dir genau überlegen, ob du ihnen das Bellen auf Signal beibringst.

Futtersuche

Falls dein Hund keine Gegenstände bringt, kannst du natürlich auch einfach Futter verstecken. Gut für die Futtersuche geeignet sind Baumstämme mit borkiger Rinde. Lass deinen Hund anfangs dabei zuschauen, wie du das Futter in der Rinde versteckst. Gehe dann zusammen mit ihm zum Baumstamm und zeige mit der Hand in Richtung der Leckerlis. Sobald dein Hund seine Nase einsetzt, fügst du das Signalwort „Such" hinzu. Später darf dein Hund dann nicht mehr zuschauen, wo du die Leckerlis versteckst, er soll jetzt nur auf dich und dein Signal bzw. Handzeichen achten.

Du kannst Leckerlis auch im Boden verbuddeln, unter Laub verstecken oder an Ästen und Zweigen aufhängen. Hierfür eignen sich Leckerlis, die in der Mitte ein Loch haben, perfekt. Falls du eine Suche auf einer größeren Fläche mit Futter durchführen willst, kannst du Papiertüten nutzen, in die du zwei, drei Futterbrocken gibst. Verstecke die Papiertüten nun wie bei der Suche nach Gegenständen beschrieben, der Aufbau ist hierbei der gleiche. Hat dein Hund eine Papiertüte gefunden, darf er sie direkt aufreißen und das Futter herausholen. Damit kann er die vollständige Jagdsequenz durchleben bis hin zum Zerreißen und Fressen. Alternativ kannst du auch sogenannte Puppington Pods verwenden. Die Schoten dieser weichen Bälle sind mit Klettverschluss verbunden, sodass du Leckerlis hineingeben und den Ball verschließen kannst. Dein Hund kann den Klettverschluss selbstständig öffnen, indem er die Nase hineindrückt und die Schoten damit aufreißt. Übe das Zerreißen der Papiertüten sowie das Öffnen der Pods jedoch vorab separat, damit dein Hund in der Suche weiß, was er machen muss, wenn er eine Beute gefunden hat.

Generell kannst du alle Jagdspiele, bei denen dein Hund sich stark erregt, sei es ein Apportierspiel, ein Zerrspiel oder ein Hetzspiel, mit einer kurzen Futtersuche beenden, damit dein Hund sich wieder beruhigt und die durch das Spiel aufgebaute Erregung abgebaut wird, denn Fressen beruhigt deinen Hund (siehe S. 115).

Anja versteckt Leckerlis in der Borke eines Baums.

Jetzt schickt Anja Nelly zur Suche nach den Leckerlis.

Nelly ist begeistert bei der Suche und findet schnell.

Spurensuche

Eine weitere Variante, bei welcher der Hund die Nase einsetzen muss, ist die Spurensuche. Diese Beschäftigungsform muss man Hunden eigentlich nicht beibringen, jeder Hund weiß, was eine Spur ist und wie man den Verlauf erschnüffelt. Du musst deinem Hund aber beibringen, welche Spur er mit dir gemeinsam verfolgen soll. Dabei gibt es zwei Varianten.

Variante 1 Du kannst ihn bei der Suche frei laufen lassen. Dies bietet sich gerade bei vor Kurzem gelegten Spuren an, die noch sehr deutlich für deinen Hund wahrnehmbar sind, da er so in seinem Tempo – in der Regel sehr zügig – die Spur verfolgen kann.

Variante 2 Bei länger liegenden Spuren muss sich dein Hund mehr konzentrieren und lernen, die Spur langsam auszuarbeiten. Hier bietet es sich an, ihn an Schleppleine und Geschirr zu führen und mit ihm gemeinsam die Spur zu verfolgen. Am Ende der Spur kann entweder Futter liegen, das dein Hund sofort fressen darf, oder aber ein Gegenstand, den er dir bringen oder durch Stehenbleiben anzeigen soll.

Für die Spurensuche kannst du mit einer Flasche eine Spur aus Leberwurstwasser spritzen.

Natürlich kann dein Hund lernen, einfach nur der Spur deiner Fußabdrücke zu folgen. Einfacher ist es aber gerade am Anfang für die meisten Hunde, wenn noch ein zusätzlicher Geruch vorhanden ist. Lege dazu weiche Futterbrocken, die dein Hund schnell aufnehmen und hinunterschlucken kann, entlang deiner Spur aus. Am besten lässt du dabei immer ein Leckerli genau in einen Fussabdruck fallen, denn so kann dein Hund schnell verknüpfen, dass er den Fußabdrücken folgen soll. Alternativ kannst du auch mit Leberwurst versetztes Wasser entlang der Spur verspritzen oder aber z. B. ein Stück Pansen bzw. ein mit künstlichem Duft versehenes Dummy an eine Schnur binden und hinter dir herziehen.

Aufbau der Spur

Die erste Spur sollte noch nicht zu lang sein und noch keine Winkel beinhalten. Sie sollte aber auch nicht zu kurz sein, denn in der Regel brauchen Hunde einige Meter, um sich in die Ausarbeitung der Spur einzufinden. Zirka 60 bis 80 Meter sind eine gute Länge für eine erste Spur.

Lass deinen Hund beim Auslegen der Spur nicht zuschauen, sonst wird er direkt zum Ende laufen, um sich die Beute zu holen. Gehe vom Ende der Spur aus beim Zurücklaufen nicht über die Spur oder zu nahe neben der Spur, sonst verwirrst du deinen Hund. Kennzeichne den Anfang der Spur deutlich, z. B. mit einem langen Stock, den du in den Boden steckst. Sonst findest du später, wenn du deinen Hund geholt hast, den Beginn der Spur nicht wieder. Merke dir immer auch den Verlauf und das Ende, kennzeichne dieses aber bitte nicht auffällig. Dein Hund könnte sonst lernen, dass die Spur immer entlang der Markierungen verläuft.

Andrea zeigt Raven den Beginn der zuvor gespritzten Leberwurstwasserspur. Raven nimmt die Nase sofort runter.

Ansetzen

Nach dem Auslegen der Spur holst du deinen Hund. Setze ihn am Beginn der Spur ab und zeige mit viel Spannung auf den Anfang. Mit einem Signal, wie z. B. „Fährte – Such", darf dein Hund mit der Suche beginnen. Auch wenn er später einmal frei suchen soll, solltest du die ersten Spurensuchen an der Schleppleine durchführen. So kannst du verhindern, dass dein Hund abdriftet und über eine freie Suche zum Erfolg kommt. Bleibt er auf der Spur, gehe langsam hinterher. Du kannst ihn für das richtige Verfolgen der Spur loben, aber achte darauf, ihn nicht durch zu viel Aktion von seiner konzentrierten Arbeit abzulenken. Die meisten Hunde verfolgen die Spur nicht liniengetreu, sondern pendeln von rechts nach links über die Spur. So sichern sie sich ab, dass sie immer noch richtig sind und kein Winkel erfolgte. Es kann auch sein, dass dein Hund bis zu einem Meter neben der Spur läuft. Dies kommt besonders dann vor, wenn Seitenwind herrscht. Lass deinen Hund arbeiten, er hat die bessere Nase! Lediglich wenn er weit von der Spur abkommt, bleib stehen. Warte, ob dein Hund von selbst wieder auf die Spur kommt. Ist er verunsichert und wartet ab, kannst du ihm natürlich auch helfen und ihn wieder auf die Spur zurückführen.

EINSCHÄTZUNG DES WINDES

Der Wind spielt generell beim jagdlichen Training, also auch beim Apportiertraining oder der Suche, eine große Rolle. Beobachte bei deinem Training mit deinem Hund daher immer, wie der Wind steht und welches Verhalten dein Hund zeigt. So kann es passieren, dass er 20 cm am Gegenstand vorbeiläuft und diesen nicht wahrnimmt, da er auf der falschen Seite vom Wind ist und ausschließlich mit der Nase sucht. Ihn jetzt zu bestrafen oder aber am Trainingsaufbau zu zweifeln, wäre vollkommen falsch.

Für Raven gibt es nichts Schöneres als die Spurensuche – begeistert sucht er konzentriert und mit tiefer Nase.

Schritt für Schritt kannst du nun die Länge der Fährte steigern. Du kannst Winkel einbauen, die Fährte auch einmal über einen Weg führen lassen, oder vom Feld in den Wald hinein und wieder hinaus. Sei möglichst kreativ, denke dir immer wieder neue Spurverläufe aus, damit dein Hund nicht schon zu Beginn weiß, wohin die Spur führt.

Bitte beachte dabei auch den Wind. Wenn du die Fährte in den auf dich zukommenden Wind hineinlegst, wird dein Hund schon sehr schnell Wind vom Ende der Fährte und der ausgelegten Beute bekommen. Er wird dann versuchen abzukürzen und die Spur nicht weiter ausarbeiten. Lege eine Fährte daher immer mit Seiten- oder Rückenwind!

Antijagdtraining

Für viele Menschen beginnt nun der wichtigste Teil dieses Buches: Was tun, wenn der Hund bereits unerwünschtes Jagdverhalten zeigt?

Wenn du das Buch aus diesem Grund gekauft und nun direkt zu diesem Kapitel vorgeblättert hast, möchte ich dich bitten, noch einmal zum Anfang zurückzublättern und es von Beginn an zu lesen. Du wirst nämlich feststellen, dass sich das Training eines Hundes mit unerwünschtem Jagdverhalten nicht viel vom Training eines Hundes, der von Welpe an in die Familie kommt und zukünftig kein unerwünschtes Jagdverhalten zeigen soll, unterscheidet. Daher wird in diesem Kapitel auch immer wieder auf vorherige Kapitel verwiesen, in denen die jeweiligen Trainingsschritte ausführlich erläutert sind.
Nicht selten heißt es, wenn ein Hund bereits Jagderfolg hatte, ist ein Antijagdtraining unmöglich. Doch Lernen kann man immer. Wichtig ist daher nur, dass du das Training individuell auf deinen Hund anpasst. Vielleicht musst du kleinere Schritte machen, vielleicht dauert es etwas länger, doch eine Verbesserung wird durch ein Training immer erreichbar sein. Tatsächlich kann man einen solchen Hund jedoch meistens auch nach einem noch so guten Training nicht „einfach so laufen lassen“, während man selbst sich mit der besten Freundin unterhält oder mit dem Handy beschäftigt ist. Einen stark jagdlich motivierten Hund wirst du immer im Blick behalten müssen. Du musst immer abwägen, ob ein Freilauf in diesem Gebiet und in dieser Situation gerade möglich ist, oder ob du deinen Hund für diesen Moment besser wieder an die Leine nimmst.

Unerwünschtes Verhalten vermeiden

Der erste Schritt, um Hunden unerwünschtes Jagdverhalten abzutrainieren, ist immer, ihnen zunächst einmal keine Möglichkeit mehr zur Ausführung des Verhaltens zu geben! Ein Hund, der immer wieder Erfolg hat, ob Beuteerfolg oder einfach nur durch die Möglichkeit zur Jagd, belohnt sich dadurch selbst und hat es nicht nötig, auf Angebote des Menschen einzugehen. Er kann sein Bedürfnis ja anderweitig befriedigen. Das bedeutet, dass ein solcher Hund auf Spaziergängen zunächst einmal nicht mehr frei, sondern nur noch an der Schleppleine läuft. Beachte beim Führen deines Hundes an der Schleppleine bitte immer auch die Sicherheitsaspekte.

Dein Hund sollte ein gut sitzendes Geschirr tragen, an dem die Schleppleine befestigt ist. Wäre diese am Halsband befestigt, würde er sich eventuell schwer verletzen, wenn er auf einmal losstartet und schneller am Ende der Leine ist als gedacht. Auch du solltest dich schützen. Trage immer Handschuhe, damit die Leine, falls sie dir durch die Hände gleitet, nicht zu Verbrennungen führt. Trage zudem lange Hosen, denn manchmal kann man trotz guter Technik nicht verhindern, dass die Leine an den Beinen entlanggezogen wird. Auch dies kann zu schmerzhaften Verbrennungen führen.
Damit es gar nicht erst zu solchen Verletzungen kommt, solltest du die Schleppleine immer so halten, dass diese leicht gespannt ist, ohne starken Zug, aber auch nicht durchhängend und über den Boden schleifend. Dazu wickelst du die Schleppleine in Schlaufen über deinen Arm. Entfernt sich dein Hund nun von dir, wickelst du die Schleppleine ab. Kommt er wieder in deine Richtung oder bleibt stehen, während du weiter in seine Richtung läufst, nimmst du die Schleppleine wieder auf. Falls dein Hund sehr schnell unterwegs ist, kannst du auch einen Ruckdämpfer zwischen Geschirr und Schleppleine einbauen. So wird der Ruck, wenn du einmal nicht schnell genug Leine geben konntest, für dich und deinen Hund etwas abgemildert.

Konsequenz im Alltag

Hat dir dein Hundetrainer in Bezug auf das Problem „unerwünschtes Jagdverhalten" geraten, deinen Hund nicht mehr auf die Couch und ins Bett zu lassen, da dieser so deine Rolle als Chef in der Beziehung nicht anerkennt und dich in Bezug auf das Jagdverhalten nicht ernst nimmt, vergiss diesen Ratschlag. Nur weil ein Hund draußen Jagdverhalten zeigt, bedeutet das nicht, dass die Beziehung zwischen dir und deinem Hund nicht stimmt. Und nur, weil ein Hund auf der Couch oder im Bett schläft, hat er nicht vor, die Weltherrschaft an sich zu reißen. Dennoch solltest du dir Gedanken über deinen Alltag machen:

- Reagiert dein Hund auf deine Signale, wenn keine jagdlich ablenkenden Reize wie Kaninchen etc. vorhanden sind?
- Kommt er, wenn du ihn rufst?
- Bleibt er sitzen und wartet auf deine Anweisungen?
- Ist er motiviert, sich mit dir zu beschäftigen?
- Orientiert er sich im Alltag oder beispielsweise auf dem Spaziergang bei Begegnungen mit anderen Menschen oder Hunden an dir?
- Nimmt er von sich aus immer wieder einmal Blickkontakt auf und sucht deine Nähe, insbesondere dann, wenn er unsicher ist?

Hast du diese Fragen mit Nein beantwortet, musst du in der Tat noch einmal im Alltag mit dem Training beginnen. Denn wie soll dein Hund in einer für ihn sehr spannenden und wichtigen Situation ein Signal, wie z. B. „Hier", befolgen, wenn er das schon in unwichtigen Situationen nicht für notwendig hält? Wie willst du ihn motivieren, wenn er auch ohne ablenkende Reize für Spielangebote von dir kein Interesse zeigt? Beginne daher das Training im Alltag ohne ablenkende Reize. Achte dabei darauf, konsequent zu sein. Du bestimmst, wann ein Spiel beginnt und wann es endet. Du besitzt die spannende Beute, diese sollte für deinen Hund nicht frei zugänglich sein. Du triffst die wichtigen Entscheidungen im Leben deines Hundes, also z. B., wann dein Hund frei laufen darf und wann er sitzen bleiben und warten muss. Achte aber auch darauf, dass du die Bedürfnisse deines Hundes erkennst und ernst nimmst. Fühlt dein Hund sich z. B. von einem anderen Hund, der an ihm schnüffeln will, bedrängt, gehst du dazwischen und schickst den anderen Hund weg. Du bist für deinen Hund und seine Sicherheit verantwortlich, du regelst Situationen, in denen er sich unwohl fühlt.

Alternativverhalten aufbauen

Wie bereits beschrieben, musst du deinem Hund nun auch die Möglichkeit geben, sein Jagdbedürfnis anderweitig zu stillen (siehe S. 120 ff.). Wähle dazu eine Beschäftigungsform, die individuell zu ihm und seinem Jagdverhalten passt. Je mehr dein Hund intrinsisch motiviert ist, eine Beschäftigungsform auszuführen (siehe S. 123 f.), desto eher wird es dir gelingen, ihn damit vom unerwünschten Jagdverhalten abzuhalten. Alle Beschäftigungsformen kannst du, zumindest mit eingeschränktem Radius, auch an der Schleppleine durchführen. Alternativ suchst du dir ein umzäuntes Gelände, auf dem du mit deinem Hund auch über größere Distanzen trainieren kannst.

Existenzielles Training

Leider sind nicht alle Hunde durch ein Alternativverhalten davon abzubringen, unerwünschtes Jagdverhalten zu zeigen. Sie machen zwar gut mit, solange kein Wild in Sicht ist. Taucht Wild auf, gibt es oft kein Halten mehr.

Hier kann das existenzielle Training Hilfe bieten. Der Hund soll lernen, dass die Beschäftigungsform nicht nur Spaß bedeutet, sondern dass er sich darüber auch ernähren muss. Der Hund wird somit abhängig über die Trainingsform von seinem Menschen. Da eine solche Abhängigkeit immer auch mit einer gewissen Skepsis betrachtet werden muss, solltest du ein existenzielles Training nur mit deinem ausgewachsenen Hund, und auch immer nur über einen begrenzten Zeitraum durchführen. Der Stress, der über dieses Training beim

Choshi hat das Training mit den Puppington Pods schnell verstanden. Er öffnet die Schoten, um an das Futter zu kommen.

Lagotto Romagnolo Jella liebt das Apportierspiel mit dem Futterbeutel. Simone wirft den Beutel weit weg.

Hund aufkommt, ist nicht zu vernachlässigen, weshalb das Training für Welpen und Junghunde nicht geeignet ist, aber auch bei erwachsenen Hunden später wieder umgestellt werden sollte. Dein Hund bekommt nur noch Futter zur Belohnung beim Training und nicht mehr als Mahlzeit regelmäßig einfach so im Napf. Für dieses Training eignet sich die Verwendung eines Futterbeutels, da in diesen die Mahlzeit deines Hundes eingefüllt werden kann. Dein Hund soll diesen Beutel erjagen und dir zurückbringen. Du öffnest den Beutel dann und gibst deinem Hund einen Teil seines Futters aus dem Beutel bzw. lässt ihn einige Futterbrocken aus dem Beutel herausfressen. Wenn dein Hund nicht mitarbeitet, erhält er kein Futter und du brichst das Training nach einigen Versuchen ab. Dein Hund hat nun erst wieder beim nächsten Spaziergang die Möglichkeit, sich sein Futter zu erarbeiten.
Natürlich muss vor einer solchen strikten Konsequenz sichergestellt sein, dass dein Hund wirklich gelernt hat, was du von ihm erwartest, also dass er den Futterbeutel zu dir bringen soll.

Aufgabe muss lösbar sein!

Hat dein Hund kein Futter erhalten, weil du das Training abbrechen musstest, solltest du es beim nächsten Mal einfacher gestalten, indem du z. B. die ablenkenden Reize reduzierst oder leichtere Aufgaben durchführst, damit er dann wieder Erfolg hat und du ihn für die gute Mitarbeit belohnen kannst. Denn nur, wenn er eine positive Verstärkung aufgrund seines Verhaltens erfährt, also nur, wenn er lernt, was von ihm erwartet wird, kann der Abbruch des Trainings eine sinnvolle und die Lernerfahrung unterstützende Maßnahme sein. Nicht sinnvoll ist es dagegen, das Training weiterhin in der Schwierigkeitsstufe beizubehalten und dem Hund mehrere Tage lang kein Futter zu geben. Dies ist keinesfalls unter artgerechter Haltung zu verstehen, zudem hat es lerntheoretisch keinerlei positiven Effekt. Der Hund wird vielmehr nach einigen Tagen mitmachen, sich den Bauch vollschlagen, um dann wieder die Zusammenarbeit mit dem Menschen für mehrere Tage zu verweigern. So beginnt meistens ein ewiger Kreislauf.

Wenn Jella mit dem Futterbeutel Richtung Simone läuft, sammelt diese die Schleppleine ein.

Simone nimmt den Futterbeutel und öffnet ihn.

Zur Belohnung darf Jella aus dem Beutel fressen.

Warten und beobachten

Das „Warten und Beobachten" von Beute kannst du mit jedem Hund aufbauen. Vorstehhunde sind hierbei etwas im Vorteil, da ihnen das Vorstehen vor einer Beute im Blut liegt, es ist genetisch fest verankert. Aber auch alle anderen Rassen können lernen, vor einer Beute zu warten, bis der Mensch herangekommen ist, und entweder das Signal zur Jagd auf die Beute gibt oder aber den Jagdabbruch signalisiert. Der Aufbau des Signals entspricht hierbei dem Aufbau wie auf S. 86 ff. beschrieben.

Impulskontrolle

Gerade für einen Hund, der bereits unerwünschtes Jagdverhalten zeigt, ist das Training der Impulskontrolle eines der wichtigsten Elemente beim Antijagdtraining. Lege daher besonders viel Wert darauf, dass dein Hund bei jeglichen Reizen ruhig und gelassen sitzen bleibt und darauf achtet, was du ihm signalisierst. Versuche dabei auch die Reize einzubauen, die den Reizen des unerwünschten Jagdverhaltens deines Hundes besonders ähneln.

Bei einem Hund, der gern hinter Kaninchen herhetzt, kannst du z. B. die Impulskontrolle, wie sie auf S. 96 ff. beschrieben ist, noch weiter ausbauen, indem du mit einem Rabbit-Dummy auf dem Spaziergang arbeitest. Ein Rabbit-Dummy ist ein leichtes Dummy, das an einem starken, langen Gummi befestigt ist. Wenn du das Dummy mit dem Gummi z. B. an einem Baum festmachst und das Gummi spannst, indem du das Dummy vom Baum wegziehst, flitscht es – losgelassen wie ein Hase – durch die Wiese. Binde das Gummi dazu aber bitte nicht zu hoch am Baum fest. Verabrede dich für das Training mit einem Helfer, der das Rabbit-Dummy quer über euren vorgesehenen Spazierweg spannt. Nun startest du deinen Spaziergang mit deinem Hund. Da dieser nicht auf ein Training eingestellt ist, wird seine Reaktion gegebenenfalls anders ausfallen als im Training. Aber genau das ist ja dein Ziel. Viele Hunde reagieren im Training auf jedes Signal ihres Menschen, auf dem Spaziergang jedoch rechnen sie nicht damit, sie sind nicht „auf Training eingestellt“ und ignorieren die Signale. Durch dieses Training erreichst du also, dass dein Hund auf deine Signale in jeder Situation reagiert. Dein Helfer sieht euch nun des Weges kommen, notfalls kannst du ihn auch per Handy über euer Eintreffen informieren. Kurz bevor dein Hund an der Stelle des Rabbit-Dummys angekommen ist, lässt der Helfer das Dummy los. Da du selbst ja vorbereitet bist, kannst du rechtzeitig reagieren und deinen Hund zurückrufen oder stoppen. Alternativ kannst du auch trainieren, dass dein Hund in dieser Zeit bei Fuß neben dir laufen muss. Er soll dann dem Reiz widerstehen und weiter an deiner Seite laufen. Natürlich darf dein Hund den Helfer nicht schon vorab erblicken oder wittern. Achte daher auf die Windverhältnisse, der Helfer muss so sitzen, dass sein Geruch nicht in Richtung des Hundes geweht wird. Im weiteren Verlauf weißt du dann nicht, an welcher Stelle der Helfer sitzt und das Rabbit-Dummy loslässt. Du bist also nicht darauf vorbereitet, wann die Gefahr besteht, dass dein Hund lossprintet. Hört er auch jetzt auf dein Abbruchsignal, bist du für den Ernstfall, dass er plötzlich einem Hasen hinterherhetzt, gut vorbereitet.

Gwenllian bleibt bei Andrea, obwohl eine im Gebüsch versteckte Helferin das Rabbit-Dummy über den Weg flitzen lässt.

Soll dich dein Hund angeleint beim Joggen begleiten, befestigst du die Leine am besten am Geschirr.

Körperliche Auslastung und Sozialkontakt

Wenn man bedenkt, welche körperliche Belastung eine Jagd nach dem Hasen für den Hund bedeutet, wird schnell klar, dass allein durch die Beschäftigung mit dem Alternativverhalten die Bedürfnisse des Hundes nicht gestillt werden können. Dies gilt auch für Hunde, die in Bezug auf das Jagdverhalten kontrollierbar sind, jedoch noch um einiges mehr für Hunde, die im Training bezüglich unerwünschten Jagdverhaltens sind. Denn diese Hunde sind durch die Begrenzung der Schleppleine sowieso in den Möglichkeiten ihrer körperlichen Auslastung stark eingeschränkt. Sie können nicht einfach so mit Artgenossen toben oder mal eine längere Strecke schnell rennen. Daher solltest du deinen Hund gezielt auch körperlich auslasten, indem du mit ihm joggst oder besser noch Rad fährst. Gib dabei ruhig einmal Gas, damit dein Hund so richtig im Jagdgalopp rennen kann. Aber bitte suche dir dafür einen festen Wiesenweg oder einen Weg mit weichem Waldboden, denn schnelles Rennen auf Asphalt ist weder für die Pfoten noch für die Gelenke deines Hundes gesund. Da du deinen Hund zurzeit nicht frei laufen lassen kannst, sichere ihn am Fahrrad, z. B. mithilfe einer speziellen Vorrichtung am Hinterrad, die du in jedem Fachhandel bekommst. So kann dein Hund dich nicht vom Fahrrad ziehen, denn die Hebelwirkung ist bei dieser Vorrichtung nur sehr gering. Zudem kann er dir nicht vor das Fahrrad laufen, was zu schweren Unfällen führen kann. Solltest du deinen Hund an der Leine führen, wickle diese auf gar keinen Fall um den Lenker oder mehrfach um dein Handgelenk. Im Notfall lass lieber die Leine los und deinen Hund laufen, bleibe so aber unverletzt.

Jack Russell Terrier sind aktive Hunde, die oft jagdlich motiviert sind. Sie müssen vor allem ruhiges Verhalten erlernen.

Kontakt zu Artgenossen

Hunde brauchen Kontakt zu Artgenossen. Doch wie soll man dies einem Hund, der, sobald er von der Leine ist, den Kaninchen hinterherrennt oder Spuren verfolgt, ermöglichen? Ein Spiel an der Schleppleine ist viel zu gefährlich, denn wenn einer der Hunde sich darin verwickelt und die Schleppleine sich dann beim schnellen Lauf zuzieht, kann es zu ernsthaften Verletzungen kommen. Suche daher eine Möglichkeit, deinen Hund mit anderen Hunden auf einem sicher umschlossenen Gelände laufen zu lassen. Vielleicht bietet die Hundeschule in deiner Nähe eine Freilaufgruppe an, an der du mit deinem Hund teilnehmen kannst. Manchmal kann man das Gelände auch für den Freilauf mit Hund mieten, sodass du ihn mit einem oder zwei seiner besten Kumpels eine Zeit lang dort laufen lassen kannst. Denn es kommt nicht auf die Anzahl der Hundekontakte an, vielmehr ist die Qualität entscheidend. Für deinen Hund ist es also eh sinnvoller, wenn er regelmäßig Kontakt zu ein oder zwei Hunden hat, mit denen er sich gut versteht, als wenn er sich ständig mit vielen, immer wieder neuen Hunden auseinandersetzen muss, wie es im Park in aller Regel erfolgt. Vielleicht hat ja auch einer der Halter ein Haus mit Garten, sodass ihr die beiden Hundefreunde dort miteinander laufen lassen könnt.

Körpersprache richtig deuten

Willst du deinen Hund später einmal im Freilauf stoppen, wenn er unerwünschtes Jagdverhalten zeigt, musst du lernen, seine Körpersprache zu erkennen. Denn ist er erst einmal in der Phase des Hetzens, ist die Adrenalinzufuhr häufig so hoch, dass er alles andere um sich herum ausblendet und für ein Signal von dir gar nicht mehr offen ist. Du musst daher lernen, bereits die ersten Anzeichen des Jagdverhaltens, also z. B. das Orten und Fixieren, bei deinem Hund zu erkennen. Denn in dieser Phase ist ein Eingreifen überhaupt nur möglich. Beobachte deinen Hund daher genau, um zu erkennen, welches Verhalten er kurz vor einer bevorstehenden Jagd zeigt:

— Wie sieht sein Ortungsverhalten aus?
— Nimmt er lediglich den Kopf hoch?
— Wittert er dabei?
— Hebt er eine Vorderpfote an und bleibt stehen?
— Schleicht er sich langsam an?

Jeder Hund zeigt individuelle Körperhaltungen beim Jagdverhalten. Du musst lernen, deinen Hund zu lesen und zu verstehen.

Jagd auf Katzen

Oft erzählen Menschen, dass ihr Hund nicht nur hinter Wild her ist, sondern auch die Katzen in der Nachbarschaft jagt. In aller Regel handelt es sich dabei aber nicht um Jagdverhalten, sondern vielmehr um Territorialverhalten. Der Hund will die Katze des Nachbarn, die sich in den eigenen Garten begeben hat oder frech auf der Straßenseite gegenüber des Hauseingangs sitzt, vertreiben, da diese sich unerlaubterweise in „sein" Territorium, also in „seinen" Garten bzw. „seine" Straße begeben hat. Erkennbar ist dies daran, dass der Hund meist laut bellend auf die Katze zuläuft. Er macht sich groß, stellt vor Aufregung die Nackenhaare auf. Die Rute ist stark erhoben, die Ohren sind aufgestellt, der Hund zeigt sich in voller Präsenz – ganz im Gegensatz zum ruhigen, sich duckenden Hund, der sich beim Annähern an die Jagdbeute nicht zu erkennen geben will. Läuft der Hund auf die Katze zu, nutzt er dabei auch nicht den Jagdgalopp, sondern läuft im Imponiergalopp mit kurzen Sprüngen und durchgedrücktem Rücken sowie aufstampfenden Vorderpfoten auf die Katze zu. Sein ganzer Körper sagt: „Hau ab hier!" und genau darum geht es dem Hund auch hauptsächlich, er will den unerwünschten Eindringling aus seinem Revier vertreiben. Zeigt dein Hund ein solches Verhalten gegenüber einer Katze, wird ein Training hierzu daher anders verlaufen als ein Antijagdtraining. In diesem Fall ist es wichtig, dass dein Hund lernt, dass du für die territoriale Sicherung des Reviers zuständig bist. Du musst daher für deinen Hund nachschauen, wenn er unsicher wufft. Du gehst als Erstes in den Garten und checkst die Lage und gehst als Erster durch die Tür. Du begrüßt Besucher, während dein Hund auf seiner Decke liegen bleibt und wartet, bis du ihn freigibst. Auch der Liegeplatz deines Hundes ist jetzt entscheidend, er sollte sich nicht an einer strategisch wichtigen Stelle, wie z. B. direkt neben der Tür, befinden.

Es ist so weit, Katja lässt die Schleppleine los …

Training unter schwierigen Bedingungen

Wenn das Training im ablenkungsfreien Gebiet gut funktioniert, kannst du nun auch wieder Spaziergänge in Gebieten unternehmen, in denen die von deinem Hund bisher bevorzugten Jagdobjekte vorhanden sind. Diese Spaziergänge sollten dann aber für ihn nicht langweilig, sondern mit vielen spannenden Jagdaufgaben, also z. B. Fährten- oder Apportieraufgaben, versehen sein. Dein Hund ist hierbei immer noch an der Schleppleine. Macht er nicht mit, wird das Training abgebrochen und in reizärmerer Gegend oder am nächsten Tag fortgesetzt. Sollte dein Hund den Ansatz zum unerwünschten Jagdverhalten zeigen und kannst du diesen Ansatz unterbrechen, startest du natürlich sofort die große Belohnung. Im Idealfall beginnst du ein Spiel, für das dein Hund intrinsisch motiviert ist. Alternativ kannst du auch ein besonders leckeres Futterstück zur Belohnung geben.

Schleppleine langsam abbauen

Bisher ist dein Hund immer noch an der Schleppleine, die du je nach Entfernung deines Hundes auf- und abwickelst. Im nächsten Schritt lässt du die Schleppleine schleifen. Dabei solltest du dir an deiner Schleppleine einen Punkt markieren, der ca. drei bis fünf Meter vor dem Ende der Schleppleine liegt. Sollte sich dein Hund so weit entfernen, dass diese Marke auf deiner Höhe ist, heißt es reagieren. Du hast noch den Rest der Leine Zeit, deinen Hund zurückzurufen oder zum Stehenbleiben aufzufordern. Sollte er jetzt nicht reagieren, kannst du immer noch auf die Schleppleine treten, diese aufnehmen und damit verhindern, dass sich dein Hund selbstständig macht.

Das Ende der Schleppleine

Eine Trainingsvariante ist dann, deinem Hund beizubringen, wann das Ende der Schleppleine erreicht ist. Dazu solltest du dir überlegen, wie weit du deinem Hund zukünftig gestatten willst, sich zu entfernen. Auf jeden Fall sollte es eine Distanz sein, in der er auch in jagdlichen Situationen noch ansprechbar ist. Eine Entfernung, in der die meisten Hunde noch ansprechbar sind, ist die Distanz von ca. 15 Metern. Wenn du diese Distanz trainieren willst, benötigst du also eine Schleppleine, die ca. 20 Meter lang ist. Immer wenn dein Hund die Distanz von 15 Metern erreicht hat, sprichst du ihn an und sagst ihm, dass er jetzt das Ende der Schleppleine bzw. der erwünschten Distanz erreicht hat, indem du z. B. das Wort „Ende“ aussprichst. Bleibt dein Hund stehen, belohnst du ihn dafür. Dazu kannst du deinen Hund zu dir rufen, belohnen und wieder laufen lassen. Du kannst

... und Toni darf das erste Mal wieder „frei“ laufen.

Zur Sicherheit ist die Schleppleine kurz vor dem Ende markiert.

ihn aber auch bleiben lassen, bis du bei ihm angekommen bist, belohnst ihn dort und lässt ihn dann wieder laufen. Als dritte Variante kannst du auch ein Spiel mit ihm starten, indem du ihm z. B. einen Gegenstand in die entgegengesetzte Richtung wirfst und ihn anschließend zum Apportieren schickst. Ignoriert dein Hund das Signal „Ende“ und rennt einfach weiter, sodass sich die Schleppleine spannt, bleibst du einfach stehen. Beginnt dein Hund nun zu bellen und an der Leine zu zerren, wartest du weiterhin ruhig ab. Dein Hund muss lernen, mit dem Frust darüber, dass es nicht weitergeht, umzugehen. Hört er nach einiger Zeit auf zu bellen und kommt näher, sodass die Leine nicht mehr gespannt ist, gehst du weiter. Im Idealfall wechselst du nun aber die Richtung, damit dein Hund nicht doch seinen Willen bekommt und es weiter in die von ihm gewünschte Richtung geht. Denn dann würde er nur durchstarten, um so schnell wie möglich wieder nach vorn zu kommen, sodass die Schleppleine sofort wieder gespannt wäre. Nimm dir in dieser Zeit nicht vor, eine bestimmte Strecke zu laufen, sondern lege den Fokus auf die Zeit, die du mit deinem Hund unterwegs bist und draußen verbringst. Denke daran, immer wieder einmal, wenn dein Hund an lockerer Leine läuft, eine für deinen Hund spannende Übung einzubauen, wie z. B. eine Apportierübung, oder aber bei zufällig von dir oder deinem Hund gefundener Beute gemeinsam mit deinem Hund das „Warten und Beobachten“ durchzuführen. Belohne zudem die freiwillige Orientierung deines Hundes an dir, damit er lernt, dass es sich für ihn lohnt, in deiner Nähe zu bleiben und nicht immer die gesamte Länge der Schleppleine auszunutzen. Mit der Zeit wird dein Hund lernen, dass die Entfernung von ca. 15 Metern die maximale Distanz ist, die er sich von dir entfernen darf.

Katja schneidet immer wieder einmal ein Stück von der Schleppleine ab, sodass diese immer kürzer wird.

Verkürzen der Schleppleine

Nun schneidest du Meter für Meter von der Schleppleine ab. Bitte mach nicht den Fehler und lass deinen Hund von heute auf morgen wieder ganz frei laufen. Dein Hund weiß, dass er an der Schleppleine ist, die monatelang seinen Freilauf verhindert hat. Du musst die Schleppleine daher in kleinen Schritten ausschleichen. Schneide immer, wenn du merkst, dass er die vorherige Schleppleinenlänge gut akzeptiert, ca. einen Meter der Leine ab. Bei dem einen Hund kann dies jede Woche der Fall sein, beim nächsten Hund musst du vielleicht auch mal einen Monat warten, bis du die Leine verkürzen kannst. Erfahrungsgemäß kannst du die ersten Meter relativ kurz nacheinander abschneiden. Je kürzer die Leine wird, desto länger musst du jedoch in aller Regel warten, bis du wieder einen weiteren Meter abschneiden kannst. Werde daher bitte nicht ungeduldig. Wenn du jetzt ausdauernd bleibst, hast du später einen Hund, der ein Leben lang frei laufen kann. Was machen da ein oder zwei Monate mehr an der Schleppleine aus?

Wenn alles nicht hilft …

Leider gibt es immer wieder Hunde, bei denen die jagdliche Motivation so ausgeprägt vorhanden ist bzw. über Jagderfolge so gefestigt wurde, dass diese sich trotz intensiven Trainings, das durchaus ein Jahr dauern kann, auf das Alternativverhalten nicht einlassen und weiterhin jagen gehen. Der Lustgewinn beim Hetzen ist für sie so groß, dass er über allem steht. Bei solchen Hunden gibt es meist nur zwei Möglichkeiten: Schleppleine oder Korrektur durch Schreckimpuls. Letzteres wird hier nicht beschrieben, da es nur von einem sehr erfahrenen Hundetrainer durchgeführt werden kann, der den Hund vorher einschätzt.

Spaziergänge an der Schleppleine

Ein Hund, der trotz intensiven Trainings weiterhin unerwünschtes Jagdverhalten zeigt, muss ein Leben lang an der Schleppleine geführt werden. Natürlich ist diese Option eher unbefriedigend für Mensch und Hund, daher musst du darauf achten, deinem Hund anderweitig Möglichkeiten zu geben, seine Bedürfnisse zu befriedigen. So solltest du ihn immer wieder einmal in einem eingezäunten Gelände bekannte Artgenossen treffen lassen, damit er mit ihnen kommunizieren kann. Zudem musst du ihn körperlich auslasten und geistig, z. B. im Garten oder an der Schleppleine, durch Alternativverhalten sein Jagdbedürfnis befriedigen.

Bei manchen Hunden funktioniert als letzte Trainingsmaßnahme aber auch der folgende Trick: Die Schleppleine wird immer weiter verkürzt, indem ein kleines Stück davon abgeschnitten wird. Das Ende der Schleppleine wird dann mit einem Gewicht entsprechend des Gewichts des abgeschnittenen Leinenstücks versehen. So läuft der Hund am Ende „frei" mit einem 10 cm langen Leinenstück mit Gewicht durch die Gegend. Der Hund hat aber das Gefühl, dass er noch angeleint ist, und entfernt sich daher nicht weiter als die erlernte Schleppleinenlänge vom Menschen.

ÜBERSICHT „TRAINING BEI UNERWÜNSCHTEM JAGDVERHALTEN"

- Alternativverhalten aufbauen
- Impulskontrolle und Frustrationstoleranz
- Stopp/Rückruf aufbauen
- Unerwünschtes Jagdverhalten verhindern
- Konsequenz im Alltag
- Existenzielles Training
- Körperliche Auslastung und Kontakt zu Artgenossen
- Körpersprache – beobachten und erkennen
- Training unter schwierigen Bedingungen
- Die Schleppleine wird abgebaut
- Wenn alles nicht hilft ...
- Dauerhaft an der Schleppleine
- Korrektur (nur mit Hundetrainer!)

Freilauf ist bei Casper nicht immer möglich. Hier wählt seine Familie den Stein, dort bleibt er ruhig sitzen.

Regeln in Feld und Wald

Es geht nur miteinander! Leider sind viele Hundehalter der Meinung, dass sie sich draußen in Feld und Wald ungehemmt bewegen dürfen. Ein Hund muss laut Tierschutzgesetz artgerecht gehalten werden, und dazu gehört auch der Freilauf.

Ein Hund muss sich ausreichend bewegen und seinen Bedürfnissen, wie z. B. Schnüffeln oder Spuren verfolgen, nachgehen können. Allerdings halten sich nicht nur Hundehalter im Wald auf, er wird auch von allen anderen Menschen genutzt, die ihre Freizeit dort verbringen möchten. Der Biker, der mit seinem Mountainbike durch den Wald fährt, ist genauso wie der Reiter oder auch einfach nur der Spaziergänger wenig begeistert davon, wenn er auf einmal von einem laut kläffenden Hund verfolgt und vielleicht sogar noch in seine Wade gezwickt wird. Da nutzt es dann auch nichts, wenn Herrchen weit hinten schreit: „Der tut nix!“ Genauso wird sich die im Sonntagsoutfit gekleidete Familie wenig freuen, wenn der mit Matsch und Schlamm bedeckte Hund das helle Sommerkleid der Tochter mit einem dicken Pfotenabdruck verziert. Auch in diesem Fall hilft der gut gemeinte Spruch des entgegenkommenden Hundehalters „Der will nur spielen“ dann leider nicht weiter, um die Stimmung zu verbessern.

Auch wenn es nichts Schöneres gibt, als die Hunde im Freilauf zu beobachten, ist Rücksicht dabei unerlässlich.

Mitmenschen und andere Hunde

Gerade in Deutschland, aber auch in vielen weiteren Ländern, gibt es immer mehr Gesetze und vor allem die Hundehaltung wird immer weiter geregelt und reglementiert. Eine weitere Einschränkung der Hundehaltung werden wir nur dann verhindern können, wenn wir Hundehalter lernen, auf Mitmenschen Rücksicht zu nehmen. Und dies geht nun einmal nur mit einem gut erzogenen Hund. Trainiere daher besonders das Rückrufsignal (siehe S. 107 ff.). Denn nur wenn dies in jeder Situation funktioniert, hast du überhaupt erst die Möglichkeit, einzugreifen. Im Grunde genommen gibt es daher nur eine einzige mögliche Reaktion, wenn dir auf dem Spaziergang andere Menschen – ob mit oder ohne Hund – entgegenkommen. Rufe deinen Hund zu dir und behalte ihn bei dir. Selbst wenn dein Hund sich entgegenkommenden Menschen niemals nähern würde, weil er in einem Bogen um diese herumlaufen würde, solltest du ihn zu dir rufen. Denn die Menschen, die dir entgegenkommen, wissen dies ja nicht. Und vielleicht haben sie große Angst vor Hunden, fürchten sich also, wenn dein Hund auf sie zuläuft. Natürlich passiert nichts, aber den Stress vorab kannst du diesen Menschen nehmen. Und auch nicht jeder Hundehalter möchte einen Hundekontakt mit jedem entgegenkommenden Hund zulassen. Der Grund spielt dabei keine Rolle. Vielleicht ist die Hündin gerade läufig oder aber der Hund ist krank oder fühlt sich nicht wohl. Vielleicht reagiert der Hund aber auch aggressiv auf andere Hunde oder aber der Mensch hat es einfach nur eilig und keine Zeit für einen Stopp mit Hundespiel. Respektiere dies dann bitte. Rufe also auch jetzt deinen Hund zurück. Wenn du dich kurz mit dem anderen Hundehalter ausgetauscht hast und ein Kontakt der Hunde von beiden Seiten erwünscht ist, kannst du deinen Hund ja immer noch in den Freilauf lassen.

Jella findet eine gut riechende Stelle im Gebüsch.

Simone ruft sie mit Hör- und Sichtzeichen heraus.

Da Jella sofort kommt, gibt es eine Belohnung.

Bewohner des Waldes

Es gilt jedoch nicht nur, die Bedürfnisse anderer Menschen in Feld und Wald wahrzunehmen, auch die eigentlichen Bewohner der Natur haben Bedürfnisse, die berücksichtigt werden müssen. Daher gibt es einige Regelungen, die den Aufenthalt von Hunden in Feld und Wald regeln. Sie unterscheiden sich dabei je nach Land bzw. Bundesland. In vielen Ländern bzw. Bundesländern dürfen Hunde während der Brut- und Setzzeit von Mitte April bis Mitte Juli nicht frei laufen. Aber auch da, wo es nicht explizit verboten ist, solltest du besondere Rücksicht in dieser Zeit nehmen und deinen Hund gegebenenfalls freiwillig an die Leine nehmen. Denn selbst wenn du meinst, dein Hund bekommt das Wild sowieso nicht, musst du immer bedenken, dass der Stress für das Wild nur durch die Hetze bereits groß ist. Und dennoch kann dein Hund alte, sehr junge oder kranke Tiere auch einholen, packen und töten! Welche Regelungen in deinem Land/ Bundesland gelten, erfährst du z. B. bei deinem zuständigen Landesjagdverband. Häufig gilt aber, dass Hunde den Wald zwar freilaufend betreten dürfen, hier jedoch auf dem Weg bleiben müssen. Auch im Feld dürfen Hunde meist auf dem Weg frei laufen, jedoch keine Wiesen oder Ackerflächen betreten. Daher ist es sinnvoll, deinem Hund das Signal „Raus da" beizubringen.

Signal „Raus da"

Für den Aufbau des Signals kannst du z. B. das Hörzeichen „Raus da" nutzen, als Sichtzeichen bietet sich eine nach vorn auffordernde Handbewegung an. Wenn du nun mit deinem Hund einen Weg entlang spazierst, beobachte ihn genau. Irgendwann einmal wird er vielleicht einen spannenden Geruch in die Nase bekommen und den Weg verlassen, um den Geruch zu untersuchen. Sobald er den Randstreifen bzw. das Feld

Rechts: Danach setzen Simone und Jella den Spaziergang fort, Jella bleibt nun erst einmal auf dem Weg.

oder den Acker neben dem Weg betritt, sprichst du ihn mit seinem Namen an. Schaut er dich an, machst du die nach vorn auffordernde Handbewegung. Du kannst hierzu anfangs ein Futterstück in die Hand nehmen, sodass dein Hund motiviert sein wird, der Handbewegung zu folgen. In diesem Augenblick fügst du nun das Signal „Raus da" hinzu. Sobald sich dein Hund wieder auf dem Weg befindet, kannst du ihn mit dem Futter und einem freudigen Lob belohnen. Danach setzt du deinen Weg weiter fort und gibst deinem Hund das Signal, dass er wieder frei laufen darf. Sobald er erneut den Weg verlässt, wiederholst du die Übung. Trainiere diese Übung an vielen verschiedenen Orten, damit dein Hund generalisieren kann, dass er generell auf dem von dir vorgegebenen Weg bleiben soll, egal in welcher Umgebung du dich befindest, und ob neben dem Weg ein Acker, eine Wiese, eine Tierweide oder andere Flächen sind. Bei jedem Geländeübergang soll er warten, ob du ihn aufforderst, die andere Fläche zu betreten.

Dies bedeutet also nicht, dass dein Hund niemals eine Wiese betreten darf. Wenn du z. B. vom Besitzer einer Wiese die Erlaubnis hast, diese zu betreten, um dort mit deinem Hund zu trainieren oder zu spielen, dann soll dein Hund dir natürlich folgen dürfen. In diesem Fall erlaubst du ihm aktiv, die Wiese zu betreten, indem du ihn auffordersst, dir zu folgen. Dein Hund lernt bei diesem Signal also, dass er im Normalfall immer auf dem Weg bleiben muss, außer wenn du eine an den Weg angrenzende Fläche freigibst bzw. ihn dazu aufforderst, über einen Geländeübergang zu gehen.

Störung von Lebensräumen

Wenn du die oben genannten Dinge beachtest, wird auch der Jäger bzw. Jagdpächter keine Einwendung gegen deine Anwesenheit haben. Oftmals kommt es aber leider gerade zwischen Jägern und Hundehaltern immer wieder zu Konfrontationen. Und das, obwohl beide eigentlich die gleiche Leidenschaft haben, sie mögen Tiere und möchten diesen ein artgerechtes Leben ermöglichen. Dem Jäger kommt es dabei natürlich weniger auf das artgerechte Leben des Hundes als vielmehr auf das artgerechte Leben der Tiere in Feld und Wald an.

Matti stellt seine Familie vor große Herausforderungen. Der aktive Mischlingsrüde braucht viel geistige und körperliche Auslastung.

Denn selbst, wenn dein Hund das Kaninchen oder Reh nicht verfolgt und hetzt, die Tiere werden nun einmal in ihren natürlichen Lebensbedingungen gestört, wenn ständig ein Hund durch ihren Lebensraum stöbert. Viele Tiere ziehen sich von den Hauptspazierwegen zurück, damit sie Ruhe haben und so z. B. ihre Jungen ohne Stress großziehen können. Wenn du nun aber deinem Hund gestattest, den Weg im Wald zu verlassen und weite Kreise zu ziehen, haben diese Tiere kaum noch eine Möglichkeit, sich zurückzuziehen. Du siehst auf einer Wiese weit und breit kein Tier und glaubst, dass dein Hund hier problemlos laufen kann? Bedenke, dass Kaninchen und Hasen sich z. B. in Bodensenken drücken, wenn sie Gefahr bemerken. Diese Tiere haben euch vermutlich schon lange vorher kommen hören. Anstatt wegzulaufen, verstecken sie sich jedoch. So kann es passieren, dass dein Hund fast über das Kaninchen fällt, bevor es dann letztlich flüchtet, wenn du deinen Hund dort frei laufen lässt. Und auch, wenn dein Hund nur ein paar Meter hinter dem Kaninchen oder dem Reh herläuft, hat das Tier großen Stress und flüchtet blindlings. Im schlimmsten Fall überquert es dabei eine Straße und es kommt zu einem Unfall mit einem vorbeifahrenden Auto.

Nimm Rücksicht! Je umsichtiger du dich in Feld und Wald verhältst, desto eher wird der zuständige Jäger auch bereit sein, dir z. B. eine Wiese zu nennen, auf der du, ohne das Wild groß zu beeinträchtigen, mit deinem Hund trainieren oder spielen kannst. Ein Jäger freut sich immer über gut ausgebildete Hunde in seinem Revier.

Service

Wissenswertes
für Hundehalter

Martin Rütter im Kosmos Verlag

Hundetraining – Aufbau einer guten Beziehung und alle wichtigen Signale Schritt für Schritt

Welpentraining – Auswahl, Tipps und Übungen für die ersten Monate mit dem Welpen/ Junghund.

DOGS Hundeführerschein – Vorbereitung auf die theoretische und praktische Prüfung in den Martin Rütter Hundeschulen.

Sprachkurs Hund – Körpersprache, Mimik und Lautsprache von Hunden verstehen lernen.

Hunde beschäftigen – Für jeden Hundetyp die passende Beschäftigung.

Tierschutzhunde – Alle, die einem Hund aus dem Tierschutz eine zweite Chance geben, bekommen hier viele Tipps für die erste Zeit.

Problem gelöst – Ob Ziehen an der Leine oder Anspringen, hier findet man Wege aus dem Dilemma.

Hund und Kind – Der Beratungscoach für Familien, damit das Zusammenleben problemlos klappt.

Hundesenioren – Hier findet man viele Tipps, das Leben alter Hunde mit Freude zu gestalten.

Angst bei Hunden – Hier erfährt man, wie man mit den Ängsten seines Hundes umgehen kann und welche Hilfestellungen es gibt.

Hundstage – sind die sonnigen Tage im Leben, also die mit Hund! Ein Cartoon mit dem Hundeprofi.

Quellen

Colussi et al. (2018): Variations of salivary cortisol in dogs exposed to different cognitive and physical activities (tandfonline.com).

Coppinger, Ray und Lorna (2005): Hunde. animal learn Verlag, Bernau.

Feddersen-Petersen, Dr. Dorit Urd (2004): Hundepsychologie. Kosmos Verlag, Stuttgart.

Bei der Ansprache im Text sind alle drei Geschlechter gemeint. Wir nutzen jedoch die männliche Form. Dadurch wird das Buch leichter lesbar. Dafür bitten wir um Verständnis.

Die Autoren

Martin Rütter gründete 1995 seine erste Hundeschule, in der er nach neuesten wissenschaftlichen Kenntnissen aus der Verhaltensforschung seine Trainingsphilosophie aufbaute und diese bis heute weiterentwickelt. Mittlerweile gibt es in vielen Ländern Europas Hundeschulen, die nach der Philosophie von Martin Rütter arbeiten und in denen vor allem der Mensch im Vordergrund steht und mit seinen Problemen ernst genommen wird (www.martinruetter.com/hundeschulen). Doch auch das Entertainment hat es Martin Rütter angetan, und es ist ein großes Erlebnis, ihn live auf seinen Tourneen zu erleben. Zudem setzt er sich in den Medien für eine bessere Mensch-Hund-Beziehung ein. In seinen TV-Sendungen „Der Hundeprofi – Rütters Team" auf VOX und „Die Unvermittelbaren" auf RTL hilft Deutschlands beliebtester Hundeexperte auch in schwierigen Fällen. Auf RTL berät er in „Die Welpen kommen" Neuhundehalter von Anfang an.

Andrea Buisman lebt in Zülpich bei Köln mit ihren Labrador Retrievern, mit denen sie aktiv die verschiedensten Beschäftigungsformen für Mensch und Hund ausübt. Hierzu zählen z. B. Agility, Apportiertraining, jagdliches Training und Zughundesport. Sie ist seit 2003 im Team von Martin Rütter. Abgesehen von ihren Spezialgebieten „Mehrhundehaltung" und „Jagdverhalten" ist sie gefragte Referentin für Trainerfortbildungen zu Themen wie „Welpen" oder „Aggression bei Hunden". Sie bildet angehende „Martin Rütter Hundetrainer" aus und ist für die fachliche Betreuung des Netzwerks der Martin Rütter Hundeschulen zuständig. Auch das Angebot „Martin Rütter Hundeführerschein" hat sie mitentwickelt und leitet hier die Fortbildungen in den Martin Rütter Hundeschulen. Andrea Buisman züchtet zudem Labrador Retriever im Deutschen Retriever Club unter dem Zwingernamen „Speed'n Style".

Register

160 Seiten

Ob Besuch-Anspringen, Nicht-allein-bleiben-Können, An-der-Leine-Ziehen, Aggression gegen Artgenossen an der Leine oder auf dem Spaziergang alles fressen, auch Giftköder – die Probleme im Hundealltag sind so vielfältig wie die Vierbeiner und ihre Halter. „Hundeprofi" Martin Rütter weiß, wie belastend unerwünschtes Verhalten für die Mensch-Hund-Beziehung sein kann. Einfühlsam beschreibt er die häufigsten Probleme, klärt über die Ursachen auf und bietet erprobte Lösungen. Seine Trainingsanleitungen sind leicht nachvollziehbar und zeigen, wie man in kleinen Schritten Verhalten ändern oder sich besser darauf einstellen kann.

Martin Rütter setzt sich mit der Kampagne „Adoptieren statt Produzieren" für Hunde aus dem Tierschutz ein. Denn jeder Tierschutzhund hat eine Vorgeschichte und verdient es, in ein liebevolles Zuhause zu kommen. Damit die Eingewöhnung für Hund und Mensch reibungslos vonstatten geht, gibt Martin Rütter sein Fachwissen weiter. Kompetent, verständlich und Schritt für Schritt bereitet er den Leser auf die Ankunft des neuen Familienmitglieds vor, hilft dabei, den Hund zu verstehen, und gibt wertvolle Tipps für den Alltag mit einem Tierschutzhund.

160 Seiten

Bildnachweis

175 Farbfotos wurden von Andreas Linde für dieses Buch aufgenommen.
Ein weiteres Foto von Martina Bašista Photography (1: S. 66).

Impressum

Umschlaggestaltung von GRAMISCI Editiorialdesign, München / Claudia Geffert unter Verwendung von zwei Farbfotos von Andreas Linde.

Mit 179 Farbfotos.

Alle Angaben in diesem Buch erfolgen nach bestem Wissen und Gewissen. Sorgfalt bei der Umsetzung ist indes dennoch geboten. Der Verlag und die Autoren übernehmen keinerlei Haftung für Personen-, Sach- oder Vermögensschäden, die aus der Anwendung der vorgestellten Materialien, Methoden oder Informationen entstehen könnten.

Gedruckt auf chlorfrei gebleichtem Papier

Pfizerstraße 5 – 7, 70184 Stuttgart
info@kosmos.de

ISBN 978-3-440-17700-6
Redaktion: Hilke Heinemann
Gestaltung und Satz: Atelier Krohmer, Dettingen/Erms
Produktion: Angela List
Druck und Bindung: FIRMENGRUPPE APPL. aprinta Druck, Wemding
Printed in Germany / Imprimé en Allemagne

FSC www.fsc.org MIX Papier | Fördert gute Waldnutzung FSC® C004592

MARTIN
RÜTTER
LIVE
DER
WILL NUR
SPIELEN!